Printed by Libri Plureos GmbH in Hamburg,
Germany

9 781649 291196

ممارسة

Eureka Math®
الصف 1 الوحدات
1- 3

Great Minds PBC is the creator of Eureka Math®
Wit & Wisdom®, Alexandria Plan™, and PhD Science™

Published by Great Minds PBC. greatminds.org

Copyright © 2020 Great Minds PBC. All rights reserved. No part of this work may be reproduced or used in any form or by any means—graphic, electronic, or mechanical, including photocopying or information storage and retrieval systems—without written permission from the copyright holder.

ISBN 978-1-64929-119-6

20 21 22 23 24 25 CCD 10 9 8 7 6 5 4 3 2 1

Printed in the USA

تعلم ♦ ممارسة ♦ نجاح

تتوفر مواد طلاب *Eureka Math*® لقصة الوحدات® (من الروضة إلى الخامسة) في ثلاثية تعلم، ممارسة، نجاح.
تدعم هذه السلسلة التمايز والمعالجة مع الاحتفاظ بمواد الطلاب منظمة ويمكن الوصول إليها. سيجد المعلمون أن سلسلة كتب التعلم والممارسة والنجاح تقدم أيضًا موارد متماسكة - وبالتالي فهي أكثر فعالية - للاستجابة للتدخل (RTI)، والممارسة الإضافية والتعلم الصيفي.

تعلم

تُعد دروس تعلم *Eureka Math* بمثابة رفيقًا للطالب في الصف حيث يظهرون تفكيرهم، ويشاركون ما يعرفونه، ويشاهدون معرفتهم وهي تُبنى كل يوم. يضم كتاب التعلم تجميعة الواجب الدراسي اليومي - مسائل التطبيق وتذاكر الخروج ومجموعات المسائل والقوالب - بحجم يسهل حمله والتنقل به.

ممارسة

يبدأ كل درس في *Eureka Math* بسلسلة من أنشطة الطلاقة النشطة والحيوية، بما في ذلك تلك الموجودة في ممارسة *Eureka Math*. يمكن للطلاب الذين يجيدون حقائق الرياضيات الخاصة بهم إتقان المزيد من المواد بشكل أكثر عمقًا. مع كتاب الممارسة، يبني الطلاب الكفاءة في المهارات المكتسبة حديثًا ويعززون التعلم السابق استعدادًا للدرس التالي.

يوفر كتابا التعلم والممارسة كافة المواد المطبوعة التي سيستخدمها الطلاب لتعلم الرياضيات الأساسية.

نجاح

يُمكن كتاب النجاح *Eureka Math* الطلاب من العمل بشكل فردي نحو الإتقان. تضفي مجموعات المسائل الإضافية محاذاة الدرس تلو الدرس مع تعليمات الفصل الدراسي أجواء مثالية للاستخدام كواجب منزلي أو تدريب إضافي. يرافق Homework Helper كل مجموعة مسائل، وهي عبارة عن الأمثلة العملية التي توضح كيفية حل المسائل المماثلة.

يمكن للمعلمين والمربيين استخدام كتب النجاح من مستويات الصف السابق كأدوات متوافقة مع المناهج لملء الفجوات في المعرفة التأسيسية. سيرتقي مستوى الطلاب ويتقدمون بشكل أسرع حيث تسهّل النماذج المألوفة الاتصال بمحتواهم الحالي على مستوى الصف.

EUREKA MATH®

الطلاب والأسر والمعلمون:

نشكرك على كونك جزءًا من مجتمع *Eureka Math*®، حيث نحتفل برونق الرياضيات وتساؤلاتها وإثاراتها. واحدة من أكثر الطرق عرضًا لإثارة حماسنا هي من خلال أنشطة الطلاقة المقدمة في ممارسات *Eureka Math*.

ما هي الطلاقة في الرياضيات؟

قد تفكر في الطلاقة المرتبطة بفنون اللغة، حيث تشير إلى التحدث والكتابة بسهولة. في رياض الأطفال حتى الصف الخامس، يحتوي منهج *Eureka Math* على العديد من الفرص اليومية لبناء طلاقة في الرياضيات. تم تصميم كل منها بنفس الفكرة - زيادة قدرة كل طالب على استخدام الرياضيات بسهولة. تتسم خبرات الطلاقة بشكل عام بالسرعة والحيوية، حيث تتميز بالتحسن وتركز على التعرف على الأنماط والصلات داخل المحتوى. لا يقصد بها أن يتم تقديرها.

توفر أنشطة طلاقة *Eureka Math* ممارسة متباينة من خلال مجموعة متنوعة من التنسيقات - يتم إجراء بعضها بصورة شفوية، والبعض الآخر يستخدم التلاعب، والبعض الآخر يستخدم السبورة الشخصية، والبعض الآخر يستخدم الورقة والقلم. يوفر كتاب ممارسة *Eureka Math* لكل طالب تمارين الطلاقة المطبوعة لمستوى الصف الخاص به.

ما هو التسلسل من الأصعب إلى الأسهل؟

تستخدم العديد من أنشطة الطلاقة المطبوعة التنسيق الذي نسميه التسلسل من الأصعب إلى الأسهل. هذه التدريبات تبني السرعة والدقة مع المهارات المكتسبة بالفعل. تستخدم عندما يقترب الطلاب من الكفاءة الاحترافية المثلى، حيث يعمل التسلسل من الأصعب إلى الأسهل على تعزيز الإيقاع لبناء دفعة أدرينالين منخفضة المخاطر تزيد من الذاكرة واسترجاع المحفوظ. تصميمها المتعمد يجعل تدريبات التسلسل من الأصعب إلى الأسهل متباينة بطبيعتها تتراكم المسائل من البسيط إلى المعقد، حيث يكون الربع الأول من المسائل هو الأبسط وكل ربع يضيف التعقيد. علاوة على ذلك، تجذب الأنماط المتعمدة ضمن تسلسل المسائل مهارات التفكير العليا لدى الطلاب.

التنسيق المقترح لتقديم تدريبات التسلسل من الأصعب إلى الأسهل للطلاب للقيام بسباقين متتاليين (المسمى A و B) على نفس المهارة، يتم تحديد دقيقة واحدة للانتهاء من كل منهما. يتوقف الطلاب بين تدريبات التسلسل من الأصعب إلى الأسهل للتعبير عن الأنماط التي لاحظوها أثناء عملهم في تدريب التسلسل من الأصعب إلى الأسهل الأول. غالبًا ما يوفر ملاحظة الأنماط دفعة طبيعية لأدائها في سباق تدريب التسلسل من الأصعب إلى الأسهل الثاني.

يمكن إجراء تدريبات التسلسل من الأصعب إلى الأسهل باستخدام بروتوكول غير محدد الوقت أيضًا. يوصى بشدة بالبروتوكول غير المؤقت عندما لا يزال الطلاب يبنون الثقة بمستوى تعقيد الربع الأول من المسائل. بمجرد أن يكون جميع الطلاب مستعدين للنجاح في تدريبات التسلسل من الأصعب إلى الأسهل، فإن العمل على تحسين السرعة والدقة مع طاقة بروتوكول موقوت غالبًا ما يكون موضع ترحيب وتنشيط.

أين يمكنني العثور على أنشطة طلاقة أخرى؟

يوجّه *Eureka Math Teacher Edition* المعلمين في تقديم جميع أنشطة الطلاقة لكل درس، بما في ذلك تلك التي لا تتطلب مواد مطبوعة. بالإضافة إلى ذلك، يوفر *Eureka Digital Suite* الوصول إلى أنشطة الطلاقة لجميع مستويات الصف، يمكن البحث فيه حسب المعيار أو الدرس.

أطيب التمنيات لسنة مليئة بلحظات Eurek!

Jill Diniz

جيل دينيز
مدير الرياضيات
Great Minds

المحتويات

الوحدة 1

الدرس 1: عد النقط في تدريب التسلسل من الأصعب إلى الأسهل	3
الدرس 2: شرطة الرابط الرقمي 5	7
الدرس 4: 1 المزيد من النقط والأرقام بتدريب التسلسل من الأصعب إلى الأسهل	9
الدرس 5: قم بهز هذه الأقراص 6 ألواح	13
الدرس 5: شرطة الرابط الرقمي 6	15
الدرس 6: شرطة الرابط الرقمي 7	17
الدرس 7: قم بهز هذه الأقراص 8	19
الدرس 7: قم بهز هذه الأقراص 8	21
الدرس 8: شرطة الرابط الرقمي 9	23
الدرس 9: شرطة الرابط الرقمي 10	25
الدرس 10: ممارسة الهدف	27
الدرس 15: تدريب التسلسل من الأصعب إلى الأسهل	29
الدرس 16: قم بهز هذه الأقراص 7 ألواح	33
الدرس 19: تدريب التسلسل من الأصعب إلى الأسهل 1 و 2 و 3	35
الدرس 25: سباق إلى الأعلى	39
الدرس 28: تدريب التسلسل من الأصعب إلى الأسهل للأعداد أصغر من 1	41
الدرس 33: تدريب التسلسل من الأصعب إلى الأسهل في عمليات الجمع	45
الدرس 34: تدريب التسلسل من الأصعب إلى الأسهل للأعداد $n-0$ و $n-1$	49
الدرس 35: تدريب التسلسل من الأصعب إلى الأسهل للأعداد $n-n$ و $n-1$ و $(n-)$	53
الدرس 36: عشرة إطارات	57
الدرس 37: تدريب التسلسل من الأصعب إلى الأسهل بمساعدة شريك	59
الدرس 39: تحليل الأرقام بين 13 - 19 في تدريب التسلسل من الأصعب إلى الأسهل	63

الوحدة 2

الدرس 4: جمع ثلاثة أرقام في تدريب التسلسل من الأصعب إلى الأسهل	69
الدرس 8: $9 + n$ باستخدام إنشاء عشرة في تدريب التسلسل من الأصعب إلى الأسهل	73
الدرس 11: إضافة بالعشرات في تدريب التسلسل من الأصعب إلى الأسهل	77
الدرس 12: إدخال صف 5 من ةعومجم نم	81

الدرس 14: الطرح في نطاق تدريب التسلسل من الأصعب إلى الأسهل 83
الدرس 17: طرح العدد 9 في تدريب التسلسل من الأصعب إلى الأسهل 87
الدرس 18: مسار الرقم 1 - 20 91
الدرس 20: طرح العدد 8 في تدريب التسلسل من الأصعب إلى الأسهل 93
الدرس 21: طرح الأعداد 7 و8 و9 في تدريب التسلسل من الأصعب إلى الأسهل 97
الدرس 22: جمع عدد مفقود في نطاق 10 في تدريب التسلسل من الأصعب إلى الأسهل 101
الدرس 23: جمع عدد مفقود في نطاق 10 في تدريب التسلسل من الأصعب إلى الأسهل 105
الدرس 24: طرح عدد مفقود في نطاق 10 في تدريب التسلسل من الأصعب إلى الأسهل 109
الدرس 25: علاقات التساوي في تدريب التسلسل من الأصعب إلى الأسهل 113
الدرس 27: زيادة 10 ونقصان 10 في تدريب التسلسل من الأصعب إلى الأسهل 117
الدرس 28: الجمع عن طريق تحليل الأرقام 19-13 في تدريب التسلسل من الأصعب إلى الأسهل 121

الوحدة 3

الدرس 1: طرح الأرقام من 13 - 19 في تدريب التسلسل من الأصعب إلى الأسهل 127
الدرس 3: جمع وطرح الأرقام من 13 - 19 ونظيرتها في تدريب التسلسل من الأصعب إلى الأسهل 131
الدرس 5: الطرح في نطاق 20 في تدريب التسلسل من الأصعب إلى الأسهل 135
الدرس 7: جمع في نطاق 20 في تدريب التسلسل من الأصعب إلى الأسهل 139
الدرس 9: جمع في نطاق 20 في تدريب التسلسل من الأصعب إلى الأسهل 143
الدرس 11: الطرح في نطاق 20 في تدريب التسلسل من الأصعب إلى الأسهل 147
الدرس 13: أضف ثلاثة أرقام في تدريب التسلسل من الأصعب إلى الأسهل 151

الصف 1

الوحدة 1

1•1 الدرس 1 التسلسل من الأصعب إلى الأسهل قصة الوحدات

A

الرقم الصحيح:

الاسم ______________________________ التاريخ ______________

* اكتب عدد النقط. ابحث عن مجموعة أو مجموعتين تسهّل العثور على العدد الإجمالي للنقط

1.	●●		16.	●●●●● ●●●●	
2.	●●●		17.	●●●●● ●●●	
3.	●●●●		18.	●●●●● ●●●●●	
4.	●●●		19.	●●●●● ●●	
5.	●		20.	●●●●● ●	
6.	●●●●		21.	●●●●● ●●●●	
7.	●●●●●		22.	●●●●● ●●●●●	
8.	●●●●		23.	●●●● ●●●●●	
9.	●●●●● ●		24.	●●●●● ●●●	
10.	●●●●● ●●		25.	●●● ●● ●●●●●	
11.	●●●●●		26.	●●●●● ●●	
12.	●●●●		27.	●●● ●● ●● ●●●	
13.	●●●●● ●		28.	●● ●● ● ●● ●●	
14.	●●●●● ●●●		29.	●● ●●● ● ●●	
15.	●●●●● ●●		30.	●● ● ●● ●● ● ●●	

3 حلل وصف الأرقام المضمنة (إلى 10) باستخدام مجموعة من 5 والروابط الرقمية. الدرس 1: EUREKA MATH

الرقم الصحيح:

B

الاسم ________________________ التاريخ ________________

* اكتب عدد النقط. ابحث عن مجموعة أو مجموعتين تسهّل العثور على العدد الإجمالي للنقاط

1.	●		16.	●●●●● ●●●	
2.	●●		17.	●●●●● ●●●●	
3.	●		18.	●●●●● ●●	
4.	●●●●		19.	●●●●● ●●●	
5.	●●●		20.	●●●●● ●●●●●	
6.	●●●●●		21.	●●●●● ●●●●	
7.	●●●●		22.	●●●●● ●●●●●	
8.	●●●●●		23.	● ●●●● ●●●●●	
9.	●●●●● ●●		24.	●●●●● ●●●●●	
10.	●●●●● ●		25.	●● ●●●●●	
11.	●●●●● ●●●		26.	●●● ● ●● ●●	
12.	●●●●● ●		27.	●● ●●● ●●● ●●	
13.	●●●●●		28.	●● ● ● ● ●● ●●	
14.	●●●●● ●●		29.	●● ●● ● ●● ●●	
15.	●●●●● ●		30.	●● ● ●●●● ●●	

الاسم _____   التاريخ _____

شرطة الرابط الرقمي!

انجز أكبر قدر ممكن في 90 ثانية. اكتب عدد الروابط التي انتهيت منها هنا:

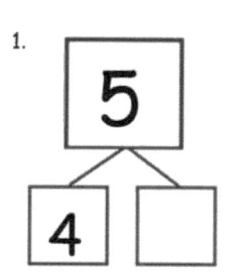 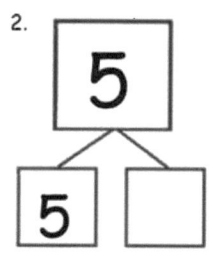 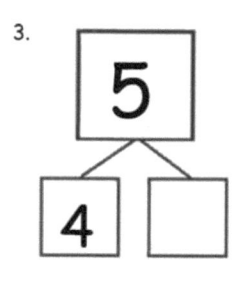 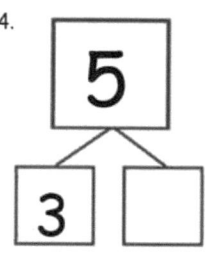 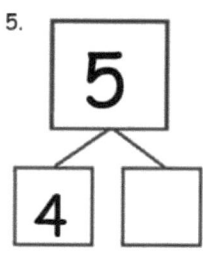

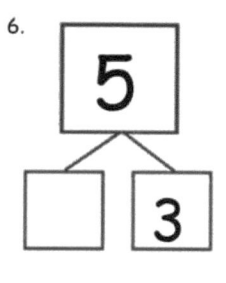 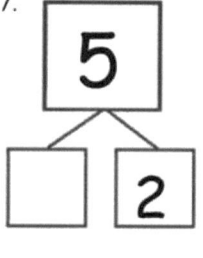 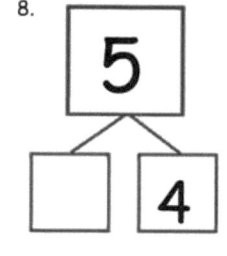 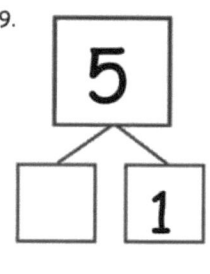 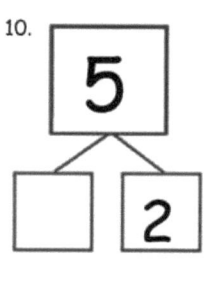

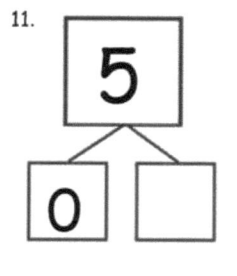 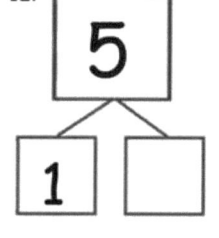 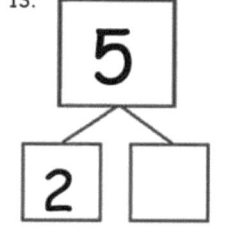 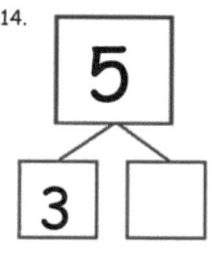 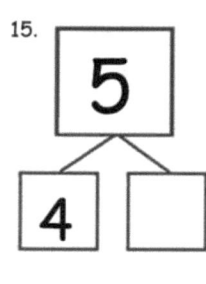

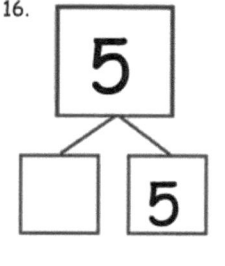 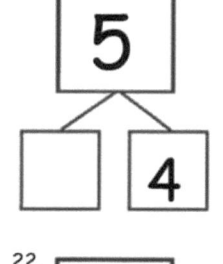 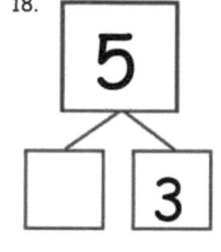 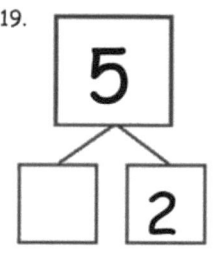 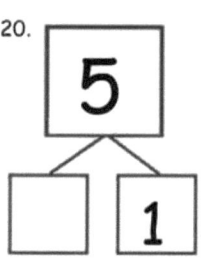

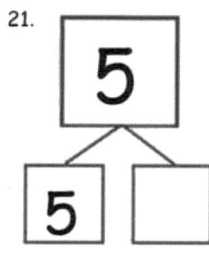 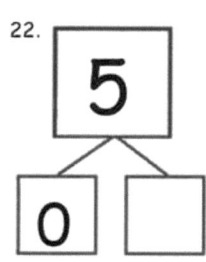 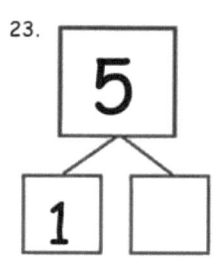 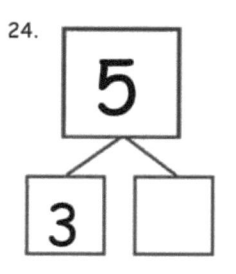

شرطة الرابط الرقمي 5

1•1 الدرس 4 التسلسل من الأصعب إلى الأسهل

A

الرقم الصحيح:

الاسم ______________________ التاريخ ______________

* اكتب الرقم الذي يكون 1 آخر.

1.	●●●		16.	●●●●● ●●●●	
2.	●●		17.	9	
3.	●●●		18.	7	
4.	●●●●		19.	●●●●● ●●	
5.	●●●●●		20.	8	
6.	●●●●● ●		21.	7	
7.	●●●●●		22.	●●●●● ●●●	
8.	5		23.	●●●●● ●●●●	
9.	●●●●● ●●		24.	10	
10.	6		25.	●●●●● ●●●●●	
11.	●●●●● ●		26.	●●●●● ●●●	
12.	7		27.	●● ●● ●● ●●	
13.	●●●●● ●●		28.	9	
14.	●●●●● ●●●		29.	●●● ●●● ●●●	
15.	8		30.	●●● ●●● ●●● ●●●	

الدرس 4: اشرح وضع مواقف مجتمعة مع عدد الروابط. يمكنك العد بداية من رقم أو جزء مُضمَن واحد حتى يصل إلى الإجمالي 6 و7، وإنشاء جميع تعبيرات الجمع لكل إجمالي.

B

الرقم الصحيح:

الاسم ______________________ التاريخ ______________

* اكتب الرقم الذي يكون 1 آخر.

1.	●●		16.	●●●●● ●●●	
2.	●		17.	8	
3.	●●		18.	9	
4.	●●●		19.	●●●●● ●●●●	
5.	●●●●		20.	●●●●● ●●●●●	
6.	●●●●●		21.	10	
7.	●●●●		22.	●●●●● ●●●	
8.	4		23.	●●●●● ●●●●	
9.	●●●●●		24.	10	
10.	5		25.	●●●●● ●●●●	
11.	●●●●●		26.	●● ●● ● ●● ●●	
12.	7		27.	●● ●● ●● ●●	
13.	●●●●● ●●		28.	8	
14.	●●●●● ●		29.	●● ●● ●● ●●●	
15.	6		30.	●●● ●●●● ●● ●●●●	

الدرس 4: اشرح وضع مواقف مجتمعة مع عدد الروابط. يمكنك العد بداية من رقم أو جزء مُضمّن واحد حتى يصل إلى الإجمالي 6 و7، وإنشاء جميع تعبيرات الجمع لكل إجمالي.

هز تلك ديسسل —6

6 (0, 6)	6 (1, 5)	6 (2, 4)	6 (3, 3)

قم بهز هذه الأقراص 6 ألواح

الدرس 5: اشرح وضع مواقف مجتمعة مع عدد الروابط. يمكنك العد بداية من رقم أو جزء مُضمّن واحد حتى يصل إلى الإجمالي 6 و7، وإنشاء جميع تعبيرات الجمع لكل إجمالي.

1•1 الدرس 5 نموذج الطلاقة 2

الاسم ________________________ التاريخ ____________

انجز أكبر قدر ممكن في 90 ثانية. اكتب عدد الروابط التي انتهيت منها هنا:

1. 6 → 6 و ☐
2. 6 → 5 و ☐
3. 6 → 4 و ☐
4. 6 → 5 و ☐
5. 6 → 6 و ☐
6. 6 → ☐ و 5
7. 6 → ☐ و 4
8. 6 → ☐ و 5
9. 6 → ☐ و 4
10. 6 → ☐ و 3
11. 6 → 3 و ☐
12. 6 → 4 و ☐
13. 6 → 2 و ☐
14. 6 → 3 و ☐
15. 6 → 2 و ☐
16. 6 → ☐ و 5
17. 6 → ☐ و 1
18. 6 → ☐ و 0
19. 6 → ☐ و 1
20. 6 → ☐ و 0
21. 6 → 1 و ☐
22. 6 → 5 و ☐
23. 6 → 4 و ☐
24. 6 → 2 و ☐
25. 6 → 3 و ☐

____

شرطة الرابط الرقمي 6

1•1 الدرس 6 نموذج الطلاقة
قصة الوحدات

الاسم ____________________ التاريخ ____________

انجز أكبر قدر ممكن في 90 ثانية. اكتب عدد الروابط التي انتهيت منها هنا:

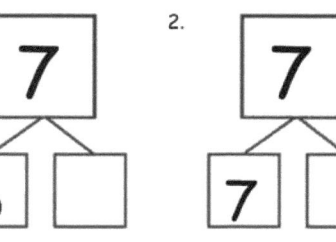

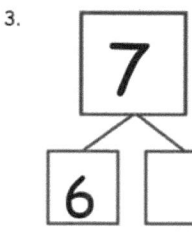

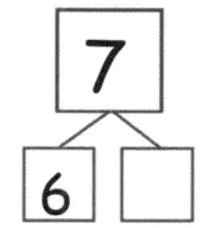

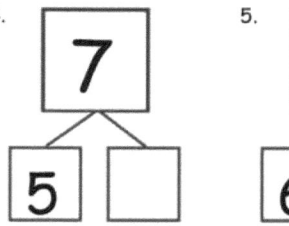

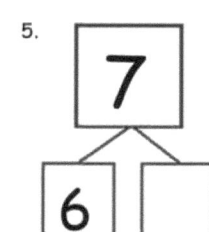

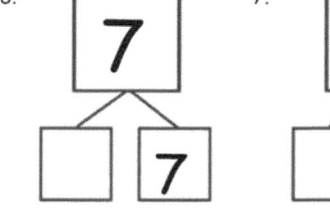

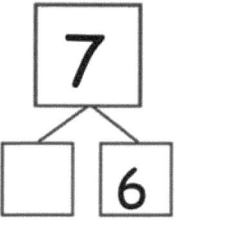

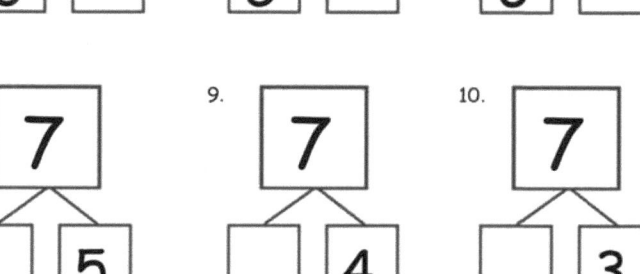

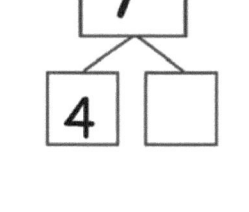

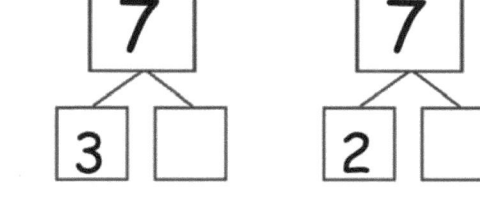

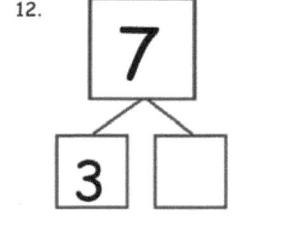

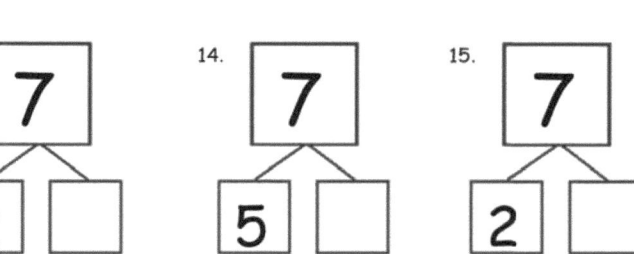

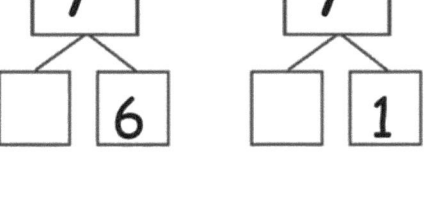

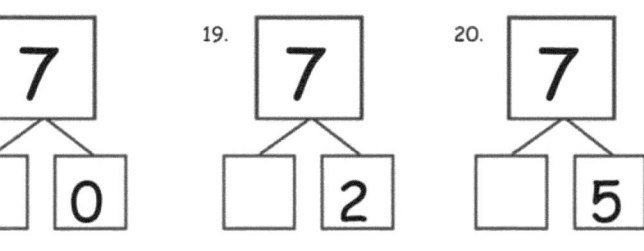

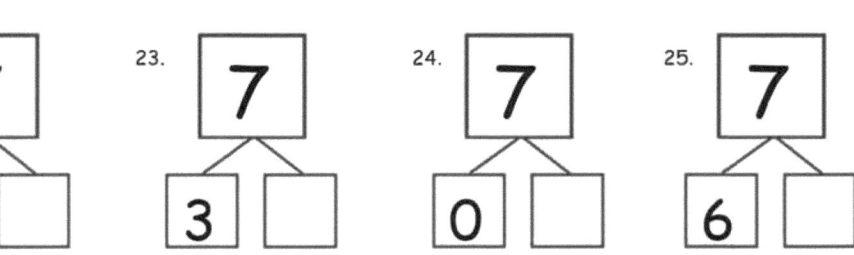

1. 7: 6, ☐
2. 7: 7, ☐
3. 7: 6, ☐
4. 7: 5, ☐
5. 7: 6, ☐
6. 7: ☐, 7
7. 7: ☐, 6
8. 7: ☐, 5
9. 7: ☐, 4
10. 7: ☐, 3
11. 7: 4, ☐
12. 7: 3, ☐
13. 7: 2, ☐
14. 7: 5, ☐
15. 7: 2, ☐
16. 7: ☐, 6
17. 7: ☐, 1
18. 7: ☐, 0
19. 7: ☐, 2
20. 7: ☐, 5
21. 7: 1, ☐
22. 7: 5, ☐
23. 7: 3, ☐
24. 7: 0, ☐
25. 7: 6, ☐

شرطة الرابط الرقمي 7

الدرس 6: اشرح وضع مواقف مجتمعة مع عدد الروابط. يمكنك العد بداية من رقم أو جزء مُضمّن واحد حتى يصل إلى الإجمالي 8 و9، وإنشاء جميع تعبيرات الجمع لكل إجمالي.

هز تلك ديسسل —8

8 0 8	8 1 7	8 2 6	8 3 5	8 4 4

قم بهز هذه الأقراص 8

الدرس 7 نموذج الطلاقة 2

الاسم _____ التاريخ _____

انجز أكبر قدر ممكن في 90 ثانية. اكتب عدد الروابط التي انتهيت منها هنا:

1. 8 → 8, ☐
2. 8 → 7, ☐
3. 8 → 6, ☐
4. 8 → 7, ☐
5. 8 → 6, ☐
6. 8 → ☐, 5
7. 8 → ☐, 6
8. 8 → ☐, 5
9. 8 → ☐, 4
10. 8 → ☐, 3
11. 8 → 4, ☐
12. 8 → 5, ☐
13. 8 → 3, ☐
14. 8 → 4, ☐
15. 8 → 3, ☐
16. 8 → ☐, 6
17. 8 → ☐, 2
18. 8 → ☐, 6
19. 8 → ☐, 5
20. 8 → ☐, 3
21. 8 → 4, ☐
22. 8 → 1, ☐
23. 8 → 2, ☐
24. 8 → 0, ☐
25. 8 → 1, ☐

شرطة الرابط الرقمي 8

الدرس 8 نموذج الطلاقة

الاسم _____ التاريخ _____

انجز أكبر قدر ممكن في 90 ثانية. اكتب عدد الروابط التي انتهيت منها هنا:

1. 9 / 8 ☐	2. 9 / 7 ☐	3. 9 / 8 ☐	4. 9 / 7 ☐	5. 9 / 9 ☐
6. 9 / ☐ 6	7. 9 / ☐ 7	8. 9 / ☐ 6	9. 9 / ☐ 5	10. 9 / ☐ 4
11. 9 / 8 ☐	12. 9 / 1 ☐	13. 9 / 7 ☐	14. 9 / 2 ☐	15. 9 / 6 ☐
16. 9 / ☐ 5	17. 9 / ☐ 6	18. 9 / ☐ 7	19. 9 / ☐ 2	20. 9 / ☐ 3
21. 9 / 5 ☐	22. 9 / 1 ☐	23. 9 / 2 ☐	24. 9 / 0 ☐	25. 9 / 2 ☐

شرطة الرابط الرقمي 9

الدرس 9 نموذج الطلاقة

الاسم _____ التاريخ _____

انجز أكبر قدر ممكن في 90 ثانية. اكتب عدد الروابط التي انتهيت منها هنا:

1. 10 → 10, ___
2. 10 → 9, ___
3. 10 → 8, ___
4. 10 → 9, ___
5. 10 → 10, ___

6. 10 → ___, 9
7. 10 → ___, 8
8. 10 → ___, 7
9. 10 → ___, 8
10. 10 → ___, 7

11. 10 → 6, ___
12. 10 → 7, ___
13. 10 → 6, ___
14. 10 → 5, ___
15. 10 → 4, ___

16. 10 → ___, 6
17. 10 → ___, 4
18. 10 → ___, 3
19. 10 → ___, 4
20. 10 → ___, 3

21. 10 → 0, ___
22. 10 → 1, ___
23. 10 → 2, ___
24. 10 → 4, ___
25. 10 → 2, ___

شرطة الرابط الرقمي 10

ممارسة الهدف

مسار الرقم

اختر رقمًا مستهدفًا بين 6 و10 واكتبه في منتصف الدائرة بأعلى الصفحة. دحرج النرد. اكتب الرقم الظاهر بعد دحرجة النرد في الدائرة الموجودة بنهاية أحد الأسهم. ثم، صوّب على مركز الهدف بواسطة كتابة الرقم المطلوب لجعل هدفك في الدائرة الأخرى.

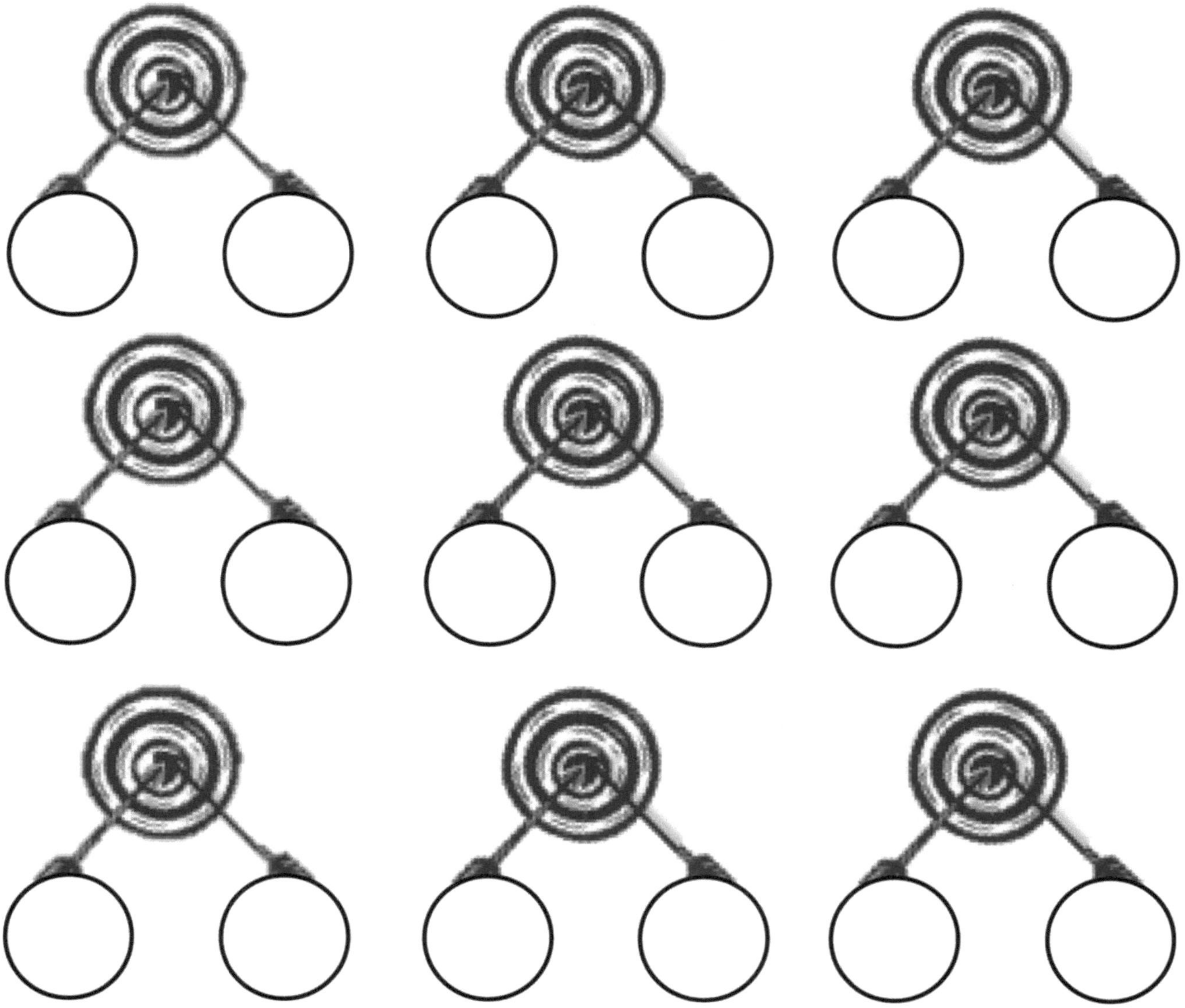

ممارسة الهدف

الدرس 10: حل جنبًا إلى جنب مع نتيجة غير معروفة لقصص الرياضيات من خلال رسم واستخدام بطاقات مجموعات من 5.

A

الاسم _____ التاريخ _____ الرقم الصحيح: ⬡

قصة الوحدات   الدرس 15 العد   1•1

* اعتمد على الجمع. اكتب الرقم.

#			#		
1.	1 + 1		16.	4 + 3	
2.	2 + 1		17.	5 + 3	
3.	3 + 1		18.	7 + 3	
4.	3 + 2		19.	7 + 2	
5.	1 + 2		20.	8 + 2	
6.	2 + 2		21.	6 + 2	
7.	2 + 3		22.	6 + 1	
8.	2 + 1		23.	6 + 1	
9.	2 + 2		24.	6 + 2	
10.	3 + 2		25.	7 + 2	
11.	5 + 2		26.	8 + 2	
12.	8 + 2		27.	2 + 8	
13.	8 + 1		28.	2 + 6	
14.	7 + 1		29.	3 + 6	
15.	9 + 1		30.	4 + 5	

الدرس 15: عد حتى 3 آخرين باستخدم بطاقات الأرقام والمجموعات من 5 والأصابع لتتبع التغيير.   29

B

الرقم الصحيح:

الاسم ______________________________ التاريخ ____________________

* اعتمد على الجمع. اكتب الرقم.

1.	1 + 1 ● ●		16.	4 + 2 ●●	
2.	2 + 2 ●● ●●		17.	3 + 2 ●●	
3.	3 + 2 ●●● ●●		18.	5 + 2 ●●	
4.	2 + 2 ●● ●●		19.	7 + 2 ●●	
5.	2 + 1 ●● ●		20.	7 + 3 ●●●	
6.	3 + 1 ●●● ●		21.	6 + 3 ●●●	
7.	3 + 2 ●●● ●●		22.	6 + 2 ●●	
8.	3 + 2 ●●		23.	6 + 2	
9.	2 + 2 ●●		24.	5 + 2	
10.	4 + 2 ●●		25.	7 + 2	
11.	1 + 2 ●●		26.	6 + 2	
12.	2 + 1 ●		27.	2 + 6	
13.	3 + 1 ●		28.	2 + 7	
14.	5 + 1 ●		29.	3 + 7	
15.	7 + 1 ●		30.	4 + 7	

1•1 الدرس 16 نموذج الطلاقة
قصة الوحدات

7 0 7	7 1 6	7 2 5	7 3 4

قم بهز هذه الأقراص 7 ألواح

الدرس 16: احسب لإيجاد الجزء غير المعروف في معادلات الجمع المفقودة مثل 6 + __ = 9. أجب: "كم زيادة مطلوبة لنحصل على 6 و7 و8 و9 و10؟"

A

الرقم الصحيح:

الاسم ______________________ التاريخ ______________

* اعتمد على الجمع.

1.	1 + 1		16.	4 + 3	
2.	2 + 1		17.	3 + 3	
3.	3 + 1		18.	4 + 3	
4.	3 + 2		19.	3 + 4	
5.	2 + 2		20.	2 + 4	
6.	3 + 2		21.	4 + 2	
7.	2 + 2		22.	5 + 2	
8.	3 + 0		23.	2 + 5	
9.	3 + 1		24.	2 + 6	
10.	3 + 2		25.	6 + 3	
11.	5 + 2		26.	3 + 6	
12.	5 + 3		27.	2 + 7	
13.	5 + 2		28.	3 + 7	
14.	5 + 3		29.	2 + 8	
15.	6 + 3		30.	3 + 6	

B

الاسم _____ التاريخ _____

الرقم الصحيح: ⭐

* اعتمد على الجمع.

	16.	4 + 3		1.	2 + 1	
	17.	3 + 3		2.	1 + 1	
	18.	2 + 3		3.	2 + 1	
	19.	1 + 3		4.	2 + 2	
	20.	0 + 3		5.	3 + 2	
	21.	1 + 3		6.	2 + 2	
	22.	2 + 5		7.	3 + 2	
	23.	5 + 2		8.	3 + 1	
	24.	2 + 6		9.	5 + 1	
	25.	6 + 2		10.	6 + 1	
	26.	3 + 6		11.	6 + 2	
	27.	3 + 7		12.	5 + 2	
	28.	2 + 7		13.	6 + 2	
	29.	2 + 6		14.	6 + 3	
	30.	3 + 6		15.	5 + 3	

الدرس 19: اشرح سيناريو القصة نفسها مع عمليات جمع تمت إعادة صياغتها (الخاصية التبادلية).

الاسم _____ التاريخ _____

سباق إلى الأعلى

10	8	6	4	2	0

A

الرقم الصحيح:

الاسم ______________________________ التاريخ ______________

* اكتب العدد الأقل من 1.

1.	5		16.	10	
2.	4		17.	8	
3.	3		18.	11	
4.	5		19.	10	
5.	3		20.	9	
6.	1		21.	1	
7.	4		22.	11	
8.	5		23.	21	
9.	7		24.	4	
10.	6		25.	14	
11.	7		26.	24	
12.	9		27.	10	
13.	8		28.	20	
14.	9		29.	21	
15.	10		30.	31	

الدرس 28: توصل للحل المأخوذ من نتيجة غير معروفة لقصص الرياضيات مع رسومات الرياضيات والجمل الرقمية الصحيحة والبيانات باستخدام علامات أفقية لإلغاء ما تم الوصول إليه.

1•1 الدرس 28 العد
قصة الوحدات

الرقم الصحيح:

B

الاسم ______________________ التاريخ ______________

* اكتب العدد الأقل من 1.

1.	3		16.	10	
2.	2		17.	9	
3.	1		18.	11	
4.	6		19.	9	
5.	4		20.	13	
6.	2		21.	11	
7.	1		22.	1	
8.	3		23.	11	
9.	5		24.	21	
10.	7		25.	5	
11.	10		26.	15	
12.	9		27.	25	
13.	8		28.	20	
14.	6		29.	10	
15.	17		30.	21	

1•1 الدرس 33 العد

الرقم الصحيح:________

A

الجمع

1.	3 + 1 =	
2.	4 + 1 =	
3.	5 + 1 =	
4.	9 + 1 =	
5.	6 + 1 =	
6.	8 + 1 =	
7.	2 + 1 =	
8.	7 + 1 =	
9.	1 + 7 =	
10.	1 + 9 =	
11.	1 + 6 =	
12.	2 + 2 =	
13.	3 + 2 =	
14.	4 + 2 =	
15.	8 + 2 =	
16.	5 + 2 =	
17.	6 + 2 =	
18.	7 + 2 =	
19.	2 + 7 =	
20.	2 + 8 =	
21.	2 + 5 =	
22.	2 + 6 =	

23.	1 + 2=	
24.	3 + 6 =	
25.	1 + 8 =	
26.	2 + 3 =	
27.	1 + 4 =	
28.	2 + 4 =	
29.	1 + 3 =	
30.	1 + 5 =	
31.	3 + 3 =	
32.	4 + 3 =	
33.	5 + 3 =	
34.	6 + 3 =	
35.	7 + 3 =	
36.	3 + 7 =	
37.	3 + 4 =	
38.	3 + 5 =	
39.	4 + 4 =	
40.	5 + 4 =	
41.	6 + 4 =	
42.	4 + 6 =	
43.	4 + 5 =	
44.	5 + 5 =	

الدرس 33: اعرض 0 أقل و 1 أقل بشكل تصوري، بوصفهما جملاً رقمية خاصة بالطرح. 45

الرقم الصحيح: ______

الزيادة: ______

B

الجمع

1.	2 + 1 =	
2.	3 + 1 =	
3.	4 + 1 =	
4.	8 + 1 =	
5.	5 + 1 =	
6.	7 + 1 =	
7.	9 + 1 =	
8.	6 + 1 =	
9.	1 + 6 =	
10.	1 + 9 =	
11.	1 + 7 =	
12.	2 + 2 =	
13.	3 + 2 =	
14.	4 + 2 =	
15.	7 + 2 =	
16.	5 + 2 =	
17.	8 + 2 =	
18.	6 + 2 =	
19.	2 + 6 =	
20.	2 + 8 =	
21.	2 + 5 =	
22.	2 + 7 =	

23.	1 + 8 =	
24.	3 + 7 =	
25.	1 + 5 =	
26.	2 + 4 =	
27.	1 + 4 =	
28.	2 + 3 =	
29.	1 + 3 =	
30.	1 + 2=	
31.	3 + 3 =	
32.	4 + 3 =	
33.	5 + 3 =	
34.	7 + 3 =	
35.	6 + 3 =	
36.	3 + 6 =	
37.	3 + 5 =	
38.	3 + 4 =	
39.	4 + 4 =	
40.	5 + 4 =	
41.	6 + 4 =	
42.	4 + 6 =	
43.	4 + 5 =	
44.	5 + 5 =	

A

الاسم _____
التاريخ _____
الرقم الصحيح: ⬡

* اكتب الرقم المفقود من كل جملة طرح. انتبه إلى العلامة =.

	16. ☐ = 10 - 0		1. 2 - 1 = ☐
	17. ☐ = 10 - 1		2. 1 - 1 = ☐
	18. ☐ = 9 - 1		3. 1 - 0 = ☐
	19. ☐ = 7 - 1		4. 3 - 1 = ☐
	20. ☐ = 6 - 1		5. 3 - 0 = ☐
	21. ☐ = 6 - 0		6. 4 - 0 = ☐
	22. ☐ = 8 - 0		7. 4 - 1 = ☐
	23. 8 - ☐ = 8		8. 5 - 1 = ☐
	24. ☐ - 0 = 8		9. 6 - 1 = ☐
	25. 7 - ☐ = 6		10. 6 - 0 = ☐
	26. 7 = 7 - ☐		11. 8 - 0 = ☐
	27. 9 = 9 - ☐		12. 10 - 0 = ☐
	28. ☐ - 1 = 7		13. 9 - 0 = ☐
	29. ☐ - 0 = 8		14. 9 - 1 = ☐
	30. 9 = ☐ - 1		15. 10 - 1 = ☐

B

الرقم الصحيح:

الاسم ______________________ التاريخ ______________

* اكتب الرقم المفقود من كل جملة طرح. انتبه إلى العلامة =.

1.	3 - 1 = □		16.	□ = 10 - 1	
2.	2 - 1 = □		17.	□ = 9 - 1	
3.	1 - 1 = □		18.	□ = 7 - 1	
4.	1 - 0 = □		19.	□ = 7 - 0	
5.	2 - 0 = □		20.	□ = 8 - 0	
6.	4 - 0 = □		21.	□ = 10 - 0	
7.	5 - 1 = □		22.	□ = 9 - 1	
8.	7 - 1 = □		23.	9 - □ = 8	
9.	8 - 1 = □		24.	□ - 1 = 8	
10.	9 - 0 = □		25.	7 - □ = 6	
11.	10 - 0 = □		26.	6 = 7 - □	
12.	7 - 0 = □		27.	9 = 9 - □	
13.	8 - 0 = □		28.	□ - 0 = 9	
14.	10 - 1 = □		29.	□ - 0 = 10	
15.	9 - 1 = □		30.	8 = □ - 1	

الرقم الصحيح:

A

الاسم ____________________ التاريخ ____________________

اكتب الرقم المفقود من كل جملة طرح. انتبه إلى العلامة =.

1.	2 - 2 = □		16.	0 = 10 - □	
2.	1 - 1 = □		17.	0 = 9 - □	
3.	1 - 0 = □		18.	0 = 8 - □	
4.	3 - 3 = □		19.	0 = 6 - □	
5.	3 - 2 = □		20.	1 = 6 - □	
6.	4 - 4 = □		21.	1 = 7 - □	
7.	4 - 3 = □		22.	1 = 10 - □	
8.	6 - 6 = □		23.	10 - □ = 1	
9.	7 - 7 = □		24.	□ - 9 = 1	
10.	8 - 8 = □		25.	7 - □ = 0	
11.	8 - 7 = □		26.	0 = 7 - □	
12.	9 - 9 = □		27.	0 = 9 - □	
13.	9 - 8 = □		28.	□ - 8 = 0	
14.	10 - 10 = □		29.	□ - 7 = 1	
15.	10 - 9 = □		30.	1 = □ - 5	

B

الاسم ______________________ التاريخ ______________

الرقم الصحيح:

اكتب الرقم المفقود من كل جملة طرح. انتبه إلى العلامة =.

1.	3 - 3 = □		16.	0 = 6 - □	
2.	2 - 2 = □		17.	0 = 7 - □	
3.	1 - 1 = □		18.	0 = 8 - □	
4.	1 - 0 = □		19.	0 = 10 - □	
5.	2 - 1 = □		20.	1 = 10 - □	
6.	4 - 3 = □		21.	1 = 9 - □	
7.	5 - 4 = □		22.	1 = 7 - □	
8.	7 - 7 = □		23.	7 - □ = 1	
9.	8 - 8 = □		24.	□ - 6 = 1	
10.	9 - 9 = □		25.	6 - □ = 0	
11.	10 - 10 = □		26.	0 = 6 - □	
12.	10 - 9 = □		27.	0 = 8 - □	
13.	8 - 7 = □		28.	□ - 8 = 0	
14.	6 - 5 = □		29.	□ - 6 = 1	
15.	6 - 6 = □		30.	1 = □ - 6	

الدرس 35: صِل بين حقائق الطرح التي تتضمن الخمسات والمضاعفات في التحليلات المقابلة.

قصة الوحدات | الدرس 36 نموذج الطلاقة | 1•1

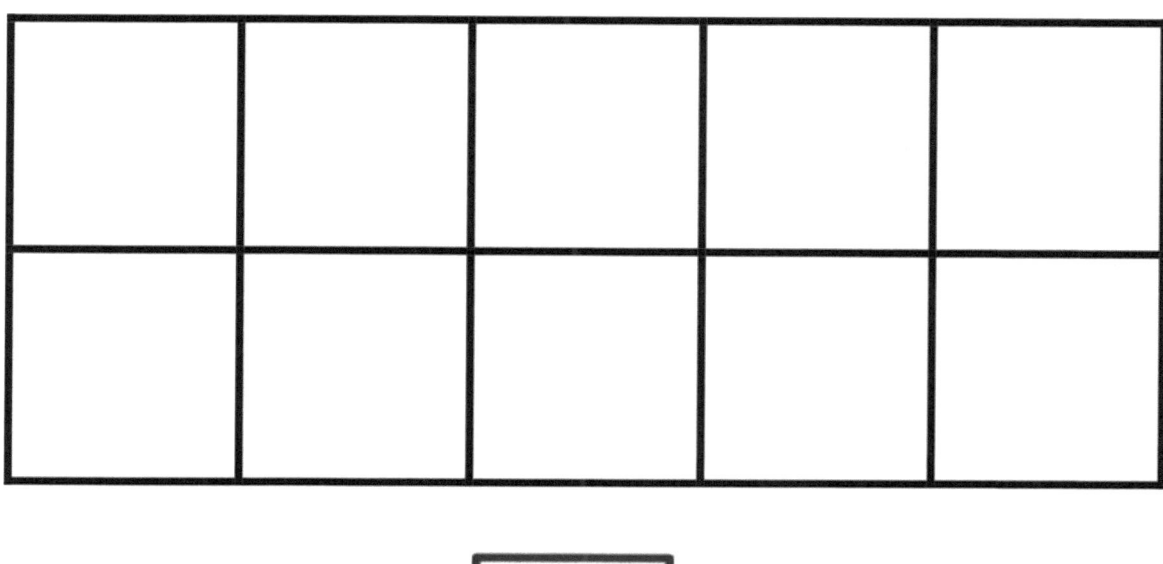

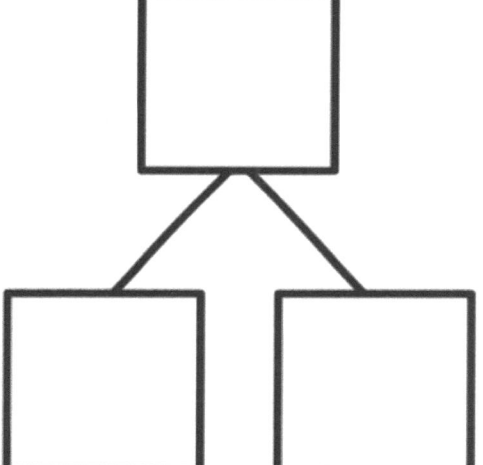

إطار العشرات

الدرس 36: صل الطرح من 10 بالتحليلات المقابلة.

57

A

الرقم الصحيح:

الاسم ________________________ التاريخ ________________

* اكتب الرقم المفقود من كل جملة طرح. انتبه إلى العلامتين + و -.

1.	$9 + 1 = \square$		16.	$10 - 7 = \square$	
2.	$1 + 9 = \square$		17.	$10 = 7 + \square$	
3.	$10 - 1 = \square$		18.	$10 = 3 + \square$	
4.	$10 - 9 = \square$		19.	$10 = 6 + \square$	
5.	$10 + 0 = \square$		20.	$10 = 4 + \square$	
6.	$0 + 10 = \square$		21.	$10 = 5 + \square$	
7.	$10 - 0 = \square$		22.	$10 - \square = 5$	
8.	$10 - 10 = \square$		23.	$5 = 10 - \square$	
9.	$8 + 2 = \square$		24.	$6 = 10 - \square$	
10.	$2 + 8 = \square$		25.	$7 = 10 - \square$	
11.	$10 - 2 = \square$		26.	$7 = \square - 3$	
12.	$10 - 8 = \square$		27.	$4 = 10 - \square$	
13.	$7 + 3 = \square$		28.	$5 = \square - 5$	
14.	$3 + 7 = \square$		29.	$6 = 10 - \square$	
15.	$10 - 3 = \square$		30.	$7 = \square - 3$	

الدرس 37: صِل الطرح من 9 بالتحليلات المقابلة.

الرقم الصحيح:

B

الاسم ____________________ التاريخ ____________

* اكتب الرقم المفقود من كل جملة طرح. انتبه إلى العلامتين + و -.

1.	$8 + 2 = \square$		16.	$10 - 6 = \square$	
2.	$2 + 8 = \square$		17.	$10 = 8 + \square$	
3.	$10 - 2 = \square$		18.	$10 = 7 + \square$	
4.	$10 - 8 = \square$		19.	$10 = 3 + \square$	
5.	$9 + 1 = \square$		20.	$10 = 4 + \square$	
6.	$1 + 9 = \square$		21.	$10 = 5 + \square$	
7.	$10 - 1 = \square$		22.	$10 - \square = 5$	
8.	$10 - 9 = \square$		23.	$6 = 10 - \square$	
9.	$10 + 0 = \square$		24.	$7 = 10 - \square$	
10.	$0 + 10 = \square$		25.	$8 = 10 - \square$	
11.	$10 - 0 = \square$		26.	$7 = \square - 3$	
12.	$10 - 10 = \square$		27.	$2 = 10 - \square$	
13.	$6 + 4 = \square$		28.	$4 = \square - 6$	
14.	$4 + 6 = \square$		29.	$3 = 10 - \square$	
15.	$10 - 4 = \square$		30.	$7 = \square - 3$	

A

الرقم الصحيح:

الاسم ____________________ التاريخ ____________

* اكتب الرقم المفقود من كل جملة.

1.	8 و2 تساوي □		16.	11 تساوي 10 و □	
2.	9 و1 تساوي □		17.	11 تساوي 1 و □	
3.	7 و3 تساوي □		18.	12 تساوي 2 و □	
4.	6 و □ تساوي 10		19.	11 تساوي □ و1	
5.	4 و □ تساوي 10		20.	14 تساوي 10 و □	
6.	5 و □ تساوي 10		21.	15 تساوي 5 و □	
7.	□ و5 تساوي 10		22.	18 تساوي 8 و □	
8.	13 تساوي 10 و □		23.	20 تساوي 10 و □	
9.	14 تساوي 10 و □		24.	2 أكبر من 10 تساوي □	
10.	16 تساوي 10 و □		25.	10 أكبر من 2 تساوي □	
11.	17 تساوي 10 و □		26.	10 تساوي □ أقل من 12	
12.	19 تساوي 10 و □		27.	10 تساوي □ أقل من 12	
13.	18 تساوي 10 و □		28.	8 ناقص 18 تساوي □	
14.	12 تساوي 10 و □		29.	6 ناقص 16 تساوي □	
15.	13 تساوي 10 و □		30.	10 ناقص 20 تساوي □	

الرقم الصحيح:

B

الاسم ____________________ التاريخ ______________

* اكتب الرقم المفقود من كل جملة.

1.	9 و1 تساوي □		16.	13 تساوي 10 و □	
2.	8 و2 تساوي □		17.	13 تساوي 3 و □	
3.	6 و4 تساوي □		18.	11 تساوي 1 و □	
4.	7 و □ تساوي 10		19.	11 تساوي □ و1	
5.	3 و □ تساوي 10		20.	15 تساوي □ و10	
6.	4 و □ تساوي 10		21.	14 هو 4 و □	
7.	□ و5 تساوي 10		22.	19 تساوي 9 و □	
8.	14 تساوي 10 و □		23.	20 تساوي 10 و □	
9.	13 تساوي 10 و □		24.	1 زائد 10 يساوي □	
10.	17 يساوي 10 و □		25.	10 زائد 1 تساوي □	
11.	16 تساوي 10 و □		26.	10 تساوي □ ناقص 11	
12.	15 تساوي 10 و □		27.	10 تساوي □ ناقص 14	
13.	19 تساوي 10 و □		28.	7 ناقص 18 تساوي □	
14.	11 تساوي 10 و □		29.	7 ناقص 16 تساوي □	
15.	12 تساوي 10 و □		30.	10 ناقص 20 تساوي □	

الصف 1
الوحدة 2

2•1 الدرس 4 تمارين السرعة
قصة الوحدات

أ

الرقم الصحيح:

تاريخ ____________ الاسم ____________

* كوّن عشرة لإضافتها.

.1	□ = 3 + 1 + 9		.16	□ = 5 + 4 + 6	
.2	□ = 5 + 1 + 9		.17	□ = 6 + 4 + 6	
.3	□ = 5 + 9 + 1		.18	□ = 6 + 6 + 4	
.4	□ = 1 + 9 + 1		.19	□ = 5 + 6 + 4	
.5	□ = 4 + 5 + 5		.20	□ = 6 + 5 + 4	
.6	□ = 6 + 5 + 5		.21	□ = 5 + 3 + 5	
.7	□ = 5 + 5 + 5		.22	□ = 5 + 5 + 6	
.8	□ = 1 + 2 + 8		.23	□ = 9 + 4 + 1	
.9	□ = 3 + 2 + 8		.24	14 = □ + 1 + 9	
.10	□ = 7 + 2 + 8		.25	11 = □ + 2 + 8	
.11	□ = 7 + 8 + 2		.26	13 = 4 + 3 + □	
.12	□ = 3 + 3 + 7		.27	16 = 6 + □ + 2	
.13	□ = 6 + 3 + 7		.28	11 = □ + 1 + 1	
.14	□ = 7 + 3 + 7		.29	9 + □ + 5 = 19	
.15	□ = 7 + 7 + 3		.30	6 + □ + 2 = 18	

قصة الوحدات
الدرس 4 تمارين السرعة 2•1

ب

الرقم الصحيح:

الاسم ______________________ التاريخ ______________

* كوّن عشرة لإضافتها.

1.	□ = 4 + 5 + 5		16.	□ = 2 + 4 + 6	
2.	□ = 6 + 5 + 5		17.	□ = 3 + 4 + 6	
3.	□ = 5 + 5 + 5		18.	□ = 3 + 6 + 4	
4.	□ = 1 + 1 + 9		19.	□ = 6 + 6 + 4	
5.	□ = 2 + 1 + 9		20.	□ = 6 + 7 + 4	
6.	□ = 5 + 1 + 9		21.	□ = 5 + 4 + 5	
7.	□ = 5 + 9 + 1		22.	□ = 5 + 5 + 8	
8.	□ = 6 + 9 + 1		23.	□ = 9 + 7 + 1	
9.	□ = 4 + 2 + 8		24.	11 = □ + 1 + 9	
10.	□ = 7 + 2 + 8		25.	12 = □ + 2 + 8	
11.	□ = 7 + 8 + 2		26.	14 = 4 + 3 + □	
12.	□ = 7 + 3 + 7		27.	20 = 7 + □ + 3	
13.	□ = 8 + 3 + 7		28.	17 = □ + 8 + 7	
14.	□ = 9 + 3 + 7		29.	6 + □ + 3 = 16	
15.	□ = 9 + 7 + 3		30.	7 + □ + 2 = 19	

أ

الرقم الصحيح:

الاسم ______________________ التاريخ ______________

*اكتب الرقم المفقود.

.1	□ = 1 + 9		.16	□ = 5 + 9	
.2	□ = 1 + 10		.17	□ = 6 + 9	
.3	□ = 2 + 9		.18	□ = 9 + 6	
.4	□ = 1 + 9		.19	□ = 4 + 9	
.5	□ = 2 + 10		.20	□ = 9 + 4	
.6	□ = 3 + 9		.21	□ = 8 + 9	
.7	□ = 1 + 9		.22	□ = 9 + 9	
.8	□ = 4 + 10		.23	18 = □ + 9	
.9	□ = 5 + 9		.24	15 = 6 + □	
.10	□ = 1 + 9		.25	16 = 6 + □	
.11	□ = 6 + 10		.26	□ + 9 = 13	
.12	□ = 7 + 9		.27	□ + 8 = 17	
.13	□ = 1 + 9		.28	□ + 9 = 2 + 10	
.14	□ = 8 + 10		.29	□ + 10 = 5 + 9	
.15	□ = 9 + 9		.30	9 + 8 = 7 + □	

ب

الرقم الصحيح:

الاسم ______________________ التاريخ ______________

*اكتب الرقم المفقود.

.1	□ = 1 + 9		.16	□ = 9 + 5	
.2	□ = 2 + 10		.17	□ = 9 + 6	
.3	□ = 3 + 9		.18	□ = 6 + 9	
.4	□ = 1 + 9		.19	□ = 7 + 9	
.5	□ = 1 + 10		.20	□ = 9 + 7	
.6	□ = 2 + 9		.21	□ = 8 + 9	
.7	□ = 1 + 9		.22	□ = 9 + 9	
.8	□ = 3 + 10		.23	17 = □ + 9	
.9	□ = 4 + 9		.24	14 = 5 + □	
.10	□ = 1 + 9		.25	14 = 4 + □	
.11	□ = 5 + 10		.26	□ + 9 = 15	
.12	□ = 6 + 9		.27	□ + 7 = 16	
.13	□ = 1 + 9		.28	□ + 9 = 4 + 10	
.14	□ = 4 + 10		.29	□ + 10 = 6 + 9	
.15	□ = 5 + 9		.30	9 + 7 = 6 + □	

أ

الرقم الصحيح:

الاسم ______________________ التاريخ ______________

*اكتب الرقم المفقود.

.1	□ = 2 + 9		.16	□ = 8 + 4	
.2	□ = 3 + 9		.17	□ = 4 + 8	
.3	□ = 5 + 9		.18	□ = 4 + 7	
.4	□ = 4 + 9		.19	□ = 5 + 7	
.5	□ = 2 + 8		.20	□ = 6 + 7	
.6	□ = 3 + 8		.21	□ = 7 + 6	
.7	□ = 5 + 8		.22	□ = 9 + 9	
.8	□ = 4 + 8		.23	18 = □ + 9	
.9	□ = 4 + 9		.24	13 = 4 + □	
.10	□ = 5 + 8		.25	12 = 4 + □	
.11	□ = 5 + 9		.26	□ + 3 = 12	
.12	□ = 6 + 8		.27	□ + 8 = 16	
.13	□ = 6 + 9		.28	□ + 8 = 4 + 9	
.14	□ = 9 + 6		.29	□ + 5 = 3 + 9	
.15	□ = 6 + 9		.30	6 + 8 = 7 + □	

قصة الوحدات

الدرس 11 تمارين السرعة 2•1

ب

الرقم الصحيح:

الاسم ______________________ التاريخ ______________

*اكتب الرقم المفقود.

.1	□ = 1 + 9		.16	□ = 8 + 3	
.2	□ = 2 + 9		.17	□ = 3 + 8	
.3	□ = 4 + 9		.18	□ = 3 + 7	
.4	□ = 3 + 9		.19	□ = 4 + 7	
.5	□ = 2 + 8		.20	□ = 5 + 7	
.6	□ = 3 + 8		.21	□ = 7 + 5	
.7	□ = 5 + 8		.22	□ = 8 + 8	
.8	□ = 4 + 8		.23	16 = □ + 8	
.9	□ = 4 + 9		.24	12 = 3 + □	
.10	□ = 5 + 8		.25	12 = 4 + □	
.11	□ = 5 + 9		.26	□ + 3 = 12	
.12	□ = 7 + 8		.27	□ + 7 = 14	
.13	□ = 7 + 9		.28	□ + 8 = 3 + 9	
.14	□ = 9 + 7		.29	□ + 5 = 3 + 9	
.15	□ = 7 + 9		.30	5 + 8 = 7 + □	

2•1 الدرس 12 نموذج الإتقان 2
قصة الوحدات

○○○○○ ○○○○○

5 صفوف إدراج الصف

الدرس 12: حل مسائل الكلمات مع طرح 9 من 10.

أ

الرقم الصحيح:

الاسم ______________________ التاريخ ______________

*اكتب الرقم المفقود.

1.	□ = 9 - 10		16.	5 = □ - 10	
2.	□ = 8 - 10		17.	5 = □ - 9	
3.	□ = 6 - 10		18.	5 = □ - 8	
4.	□ = 7 - 10		19.	3 = □ - 10	
5.	□ = 6 - 10		20.	3 = □ - 9	
6.	□ = 5 - 10		21.	3 = □ - 8	
7.	□ = 6 - 10		22.	4 = 6 - □	
8.	□ = 4 - 10		23.	3 = 6 - □	
9.	□ = 3 - 10		24.	2 = 6 - □	
10.	□ = 7 - 10		25.	□ - 9 = 4 - 10	
11.	□ = 8 - 10		26.	□ - 10 = 2 - 8	
12.	□ = 2 - 10		27.	3 - 10 = □ - 8	
13.	□ = 1 - 10		28.	3 - 10 = □ - 9	
14.	□ = 9 - 10		29.	□ - 9 = 4 - 10	
15.	□ = 10 - 10		30.	4 - 10 = 2 - □	

الدرس 14: اطرح نموذج 9 من الأرقام العشرية.

الرقم الصحيح:

ب

الاسم ________________ التاريخ ________

*اكتب الرقم المفقود.

.1	□ = 8 - 10		.16	0 = □ - 10	
.2	□ = 9 - 10		.17	0 = □ - 9	
.3	□ = 8 - 10		.18	0 = □ - 8	
.4	□ = 9 - 10		.19	1 = □ - 10	
.5	□ = 7 - 10		.20	1 = □ - 9	
.6	□ = 9 - 10		.21	1 = □ - 8	
.7	□ = 8 - 10		.22	5 = 5 - □	
.8	□ = 7 - 10		.23	4 = 5 - □	
.9	□ = 3 - 10		.24	3 = 5 - □	
.10	□ = 7 - 10		.25	□ - 9 = 8 - 10	
.11	□ = 6 - 10		.26	□ - 10 = 6 - 8	
.12	□ = 4 - 10		.27	2 - 10 = □ - 8	
.13	□ = 3 - 10		.28	2 - 10 = □ - 9	
.14	□ = 7 - 10		.29	□ - 9 = 3 - 10	
.15	□ = 5 - 10		.30	3 - 10 = 1 - □	

الدرس 14: اطرح نموذج 9 من الأرقام العشرية.

أ

الرقم الصحيح:

تاريخ__________ الاسم__________

*اكتب الرقم المفقود. انتبه إلى علامة الجمع أو الطرح.

.1	□ = 9 - 10		.16	□ = 9 - 10	
.2	□ = 2 + 1		.17	□ = 9 - 11	
.3	□ = 9 - 10		.18	□ = 9 - 12	
.4	□ = 3 + 1		.19	□ = 9 - 15	
.5	□ = 9 - 10		.20	□ = 9 - 14	
.6	□ = 1 + 1		.21	□ = 9 - 13	
.7	□ = 9 - 10		.22	□ = 9 - 17	
.8	□ = 2 + 1		.23	□ = 9 - 18	
.9	□ = 9 - 12		.24	13 =□ + 9	
.10	□ = 9 - 10		.25	14 =□ + 9	
.11	□ = 3 + 1		.26	16 =□ + 9	
.12	□ = 9 - 13		.27	15 =□ + 9	
.13	□ = 9 - 10		.28	17 =□ + 9	
.14	□ = 5 + 1		.29	18 =□ + 9	
.15	□ = 9 - 15		.30	19 =□ + 9	

الدرس 17: اطرح نموذج 8 من الأرقام العشرية.
EUREKA MATH

ب

الاسم _____ التاريخ _____ الرقم الصحيح: _____

قصة الوحدات الدرس 17 تمارين السرعة 2•1

*اكتب الرقم المفقود. انتبه إلى علامة الجمع أو الطرح.

	☐ = 9 − 10	16.	☐ = 9 − 10	1.
	☐ = 9 − 11	17.	☐ = 1 + 1	2.
	☐ = 9 − 13	18.	☐ = 9 − 10	3.
	☐ = 9 − 14	19.	☐ = 2 + 1	4.
	☐ = 9 − 13	20.	☐ = 9 − 10	5.
	☐ = 9 − 12	21.	☐ = 3 + 1	6.
	☐ = 9 − 15	22.	☐ = 9 − 10	7.
	☐ = 9 − 16	23.	☐ = 4 + 1	8.
	12 = ☐ + 9	24.	☐ = 9 − 14	9.
	13 = ☐ + 9	25.	☐ = 9 − 10	10.
	15 = ☐ + 9	26.	☐ = 3 + 1	11.
	14 = ☐ + 9	27.	☐ = 9 − 13	12.
	15 = ☐ + 9	28.	☐ = 9 − 10	13.
	17 = ☐ + 9	29.	☐ = 2 + 1	14.
	16 = ☐ + 9	30.	☐ = 9 − 12	15.

الدرس 17: اطرح نموذج 8 من الأرقام العشرية.

EUREKA MATH

Copyright © Great Minds PBC

قصة الوحدات ١•٢ الدرس 18 نموذج الإتقان 2

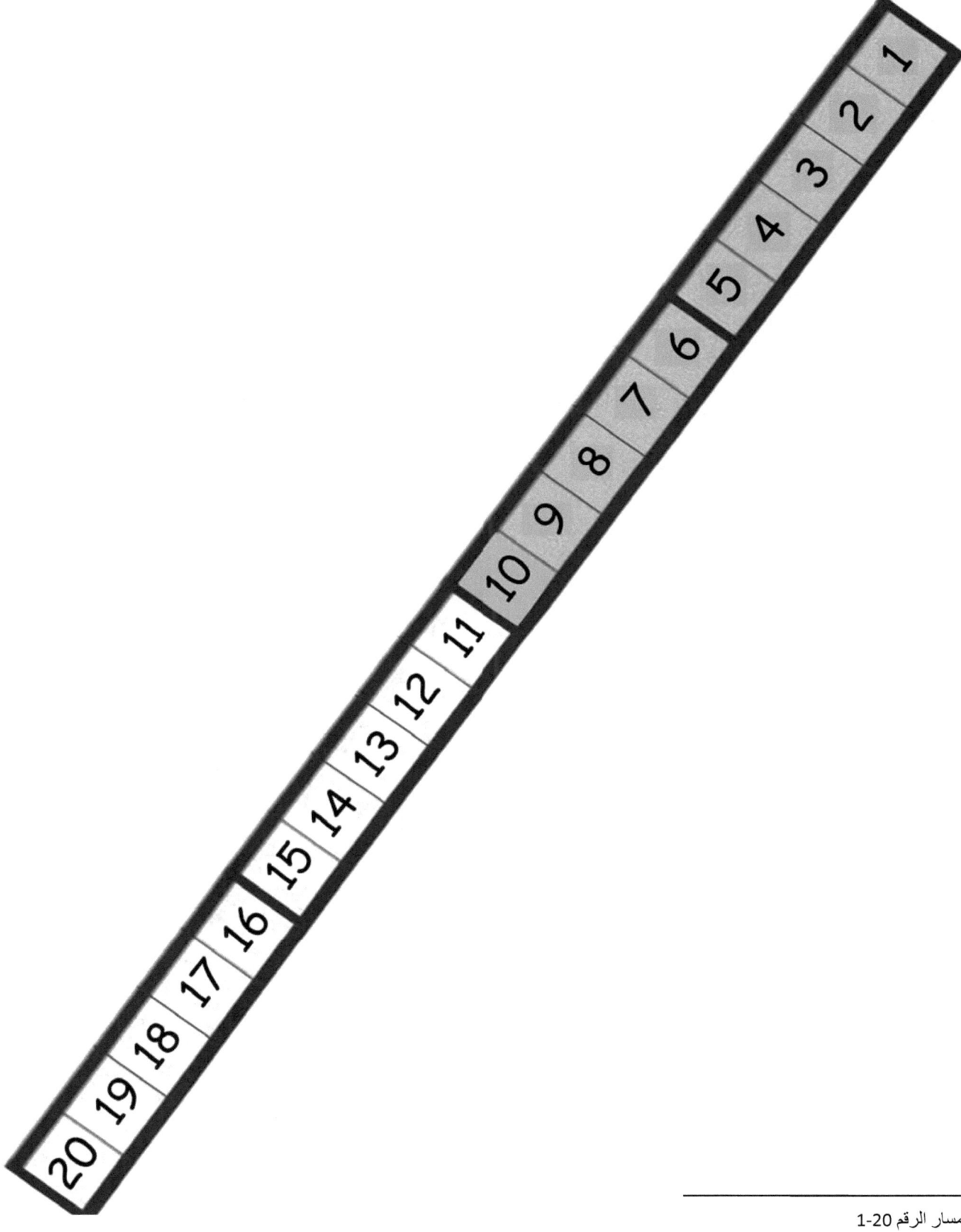

مسار الرقم 1-20

الدرس 18: اطرح نموذج 8 من الأرقام العشرية.

أ

قصة الوحدات — الدرس 20 تمارين السرعة — 2•1

الاسم _____ التاريخ _____ الرقم الصحيح: _____

*اكتب الرقم المفقود. انتبه إلى علامة الجمع أو الطرح.

	☐ = 8 - 10	16.		☐ = 8 - 10	1.
	☐ = 8 - 11	17.		☐ = 2 + 2	2.
	☐ = 8 - 12	18.		☐ = 8 - 10	3.
	☐ = 8 - 15	19.		☐ = 3 + 2	4.
	☐ = 8 - 14	20.		☐ = 8 - 10	5.
	☐ = 8 - 13	21.		☐ = 4 + 2	6.
	☐ = 8 - 17	22.		☐ = 8 - 10	7.
	☐ = 8 - 18	23.		☐ = 1 + 2	8.
	11 = ☐ + 8	24.		☐ = 8 - 11	9.
	12 = ☐ + 8	25.		☐ = 8 - 10	10.
	15 = ☐ + 8	26.		☐ = 2 + 2	11.
	14 = ☐ + 8	27.		☐ = 8 - 12	12.
	16 = ☐ + 8	28.		☐ = 8 - 10	13.
	17 = ☐ + 8	29.		☐ = 5 + 2	14.
	18 = ☐ + 8	30.		☐ = 8 - 15	15.

الدرس 20: اطرح 7 و 8 و 9 من الأرقام العشرية.

الدرس 20 تمارين السرعة 2•1

ب

الرقم الصحيح:

الاسم ______________________ التاريخ ______________

*اكتب الرقم المفقود. انتبه إلى علامة الجمع أو الطرح.

	□ = 8 - 10	.16		□ = 8 - 10	.1
	□ = 8 - 11	.17		□ = 1 + 2	.2
	□ = 8 - 13	.18		□ = 8 - 10	.3
	□ = 8 - 14	.19		□ = 2 + 2	.4
	□ = 8 - 13	.20		□ = 8 - 10	.5
	□ = 8 - 12	.21		□ = 3 + 2	.6
	□ = 8 - 15	.22		□ = 8 - 10	.7
	□ = 8 - 16	.23		□ = 2 + 2	.8
	10 = □ + 8	.24		□ = 8 - 12	.9
	11 = □ + 8	.25		□ = 8 - 10	.10
	13 = □ + 8	.26		□ = 3 + 2	.11
	12 = □ + 8	.27		□ = 8 - 13	.12
	13 = □ + 8	.28		□ = 8 - 10	.13
	15 = □ + 8	.29		□ = 2 + 2	.14
	16 = □ + 8	.30		□ = 8 - 12	.15

أ

الرقم الصحيح:

الاسم ________________________ التاريخ ______________

*اكتب الرقم المفقود.

	□ = 7 - 12	.16		□ = 9 - 10	.1
	□ = 7 - 13	.17		□ = 9 - 11	.2
	□ = 7 - 14	.18		□ = 9 - 13	.3
	□ = 9 - 15	.19		□ = 8 - 10	.4
	□ = 8 - 15	.20		□ = 8 - 11	.5
	□ = 7 - 15	.21		□ = 8 - 13	.6
	□ = 7 - 17	.22		□ = 7 - 10	.7
	□ = 7 - 16	.23		□ = 7 - 11	.8
	□ = 7 - 17	.24		□ = 7 - 13	.9
	9 = □ - 16	.25		□ = 9 - 12	.10
	8 = □ - 16	.26		□ = 9 - 13	.11
	8 = □ - 17	.27		□ = 9 - 14	.12
	9 = □ - 17	.28		□ = 8 - 12	.13
	8 - 16 = □ - 17	.29		□ = 8 - 13	.14
	8 - 17 = 7 - □	.30		□ = 8 - 14	.15

2•1 الدرس 21 تمارين السرعة قصة الوحدات

ب

الرقم الصحيح:

الاسم ____________________ التاريخ ______________

*اكتب الرقم المفقود.

.1	□ = 9 - 10	
.2	□ = 9 - 11	
.3	□ = 9 - 12	
.4	□ = 8 - 10	
.5	□ = 8 - 11	
.6	□ = 8 - 12	
.7	□ = 7 - 10	
.8	□ = 7 - 11	
.9	□ = 7 - 12	
.10	□ = 9 - 11	
.11	□ = 9 - 12	
.12	□ = 9 - 15	
.13	□ = 8 - 11	
.14	□ = 8 - 12	
.15	□ = 8 - 15	
.16	□ = 7 - 11	
.17	□ = 7 - 12	
.18	□ = 7 - 15	
.19	□ = 9 - 15	
.20	□ = 8 - 15	
.21	□ = 7 - 15	
.22	□ = 8 - 15	
.23	□ = 8 - 16	
.24	□ = 7 - 16	
.25	9 = □ - 16	
.26	8 = □ - 16	
.27	7 = □ - 16	
.28	9 = □ - 16	
.29	8 - 15 = □ - 16	
.30	7 - 15 = 8 - □	

أ

الرقم الصحيح:

الاسم ______________________ التاريخ ______________

*اكتب الرقم المفقود.

1.	$3 = \square + 2$		16.	$8 = \square + 2$	
2.	$3 = \square + 1$		17.	$8 = \square + 4$	
3.	$3 = 1 + \square$		18.	$6 + \square = 8$	
4.	$4 = 2 + \square$		19.	$\square + 3 = 8$	
5.	$4 = \square + 3$		20.	$9 = 3 + \square$	
6.	$4 = \square + 1$		21.	$9 = \square + 2$	
7.	$5 = \square + 1$		22.	$1 + \square = 9$	
8.	$5 = \square + 4$		23.	$\square + 4 = 9$	
9.	$5 = \square + 3$		24.	$9 = \square + 2 + 2$	
10.	$6 = \square + 3$		25.	$8 = \square + 2 + 2$	
11.	$6 = 2 + \square$		26.	$9 = 3 + \square + 3$	
12.	$6 = \square + 0$		27.	$9 = 2 + \square + 3$	
13.	$7 = \square + 1$		28.	$4 + \square = 3 + 5$	
14.	$7 = 5 + \square$		29.	$5 + 1 = 4 + \square$	
15.	$7 = 4 + \square$		30.	$6 + 2 = \square + 3$	

ب

الرقم الصحيح:

الاسم ____________________ التاريخ ______________

*اكتب الرقم المفقود.

.1	3 = □ + 1		.16	8 = □ + 3	
.2	3 = □ + 0		.17	8 = □ + 2	
.3	3 = 3 + □		.18	1 + □ = 8	
.4	4 = 2 + □		.19	□ + 4 = 8	
.5	4 = □ + 3		.20	9 = 2 + □	
.6	4 = □ + 4		.21	9 = □ + 4	
.7	5 = □ + 4		.22	5 + □ = 9	
.8	5 = □ + 1		.23	□ + 6 = 9	
.9	5 = □ + 2		.24	9 = □ + 5 + 1	
.10	6 = □ + 4		.25	8 = □ + 2 + 3	
.11	6 = 2 + □		.26	9 = 6 + □ + 2	
.12	6 = □ + 3		.27	9 = 4 + □ + 3	
.13	7 = □ + 3		.28	6 + □ = 4 + 5	
.14	7 = 4 + □		.29	2 + 6 = 3 + □	
.15	7 = 5 + □		.30	7 + 2 = □ + 4	

أ

الرقم الصحيح:

الاسم ______________________ التاريخ ______________

*اكتب الرقم المفقود.

	$8 = \square + 2$	.16		$3 = \square + 2$	.1
	$8 = \square + 4$	.17		$3 = \square + 1$	.2
	$6 + \square = 8$	.18		$3 = 1 + \square$	.3
	$\square + 3 = 8$	.19		$4 = 2 + \square$	.4
	$9 = 3 + \square$	.20		$4 = \square + 3$	.5
	$9 = \square + 2$	.21		$4 = \square + 1$	.6
	$1 + \square = 9$	.22		$5 = \square + 1$	.7
	$\square + 4 = 9$	.23		$5 = \square + 4$	.8
	$9 = \square + 2 + 2$	.24		$5 = \square + 3$	.9
	$8 = \square + 2 + 2$	.25		$6 = \square + 3$	.10
	$9 = 3 + \square + 3$	.26		$6 = 2 + \square$	.11
	$9 = 2 + \square + 3$	.27		$6 = \square + 0$	.12
	$4 + \square = 3 + 5$	.28		$7 = \square + 1$	.13
	$5 + 1 = 4 + \square$	.29		$7 = 5 + \square$	.14
	$6 + 2 = \square + 3$	.30		$7 = 4 + \square$	.15

ب

الرقم الصحيح:

الاسم ______________________ التاريخ ______________

*اكتب الرقم المفقود.

.1	$3 = \square + 1$		.16	$8 = \square + 3$	
.2	$3 = \square + 0$		.17	$8 = \square + 2$	
.3	$3 = 3 + \square$		.18	$1 + \square = 8$	
.4	$4 = 2 + \square$		.19	$\square + 4 = 8$	
.5	$4 = \square + 3$		.20	$9 = 2 + \square$	
.6	$4 = \square + 4$		.21	$9 = \square + 4$	
.7	$5 = \square + 4$		.22	$5 + \square = 9$	
.8	$5 = \square + 1$		.23	$\square + 6 = 9$	
.9	$5 = \square + 2$		.24	$9 = \square + 5 + 1$	
.10	$6 = \square + 4$		.25	$8 = \square + 2 + 3$	
.11	$6 = 2 + \square$		.26	$9 = 6 + \square + 2$	
.12	$6 = \square + 3$		.27	$9 = 4 + \square + 3$	
.13	$7 = \square + 3$		.28	$6 + \square = 4 + 5$	
.14	$7 = 4 + \square$		.29	$2 + 6 = 3 + \square$	
.15	$7 = 5 + \square$		.30	$7 + 2 = \square + 4$	

أ

الرقم الصحيح:

الاسم ____________________ التاريخ ____________

*اكتب الرقم المفقود.

1.	$1 = \square - 2$		16.	$2 = \square - 6$	
2.	$2 = \square - 2$		17.	$3 = \square - 6$	
3.	$0 = \square - 2$		18.	$4 = \square - 6$	
4.	$2 = \square - 3$		19.	$3 = \square - 7$	
5.	$1 = \square - 3$		20.	$2 = \square - 7$	
6.	$0 = \square - 3$		21.	$1 = \square - 7$	
7.	$3 = \square - 3$		22.	$2 = \square - 8$	
8.	$4 = \square - 4$		23.	$3 = \square - 8$	
9.	$3 = \square - 4$		24.	$\square - 8 = 4$	
10.	$2 = \square - 4$		25.	$\square - 9 = 2$	
11.	$1 = \square - 4$		26.	$\square - 9 = 3$	
12.	$0 = \square - 5$		27.	$\square - 9 = 4$	
13.	$1 = \square - 5$		28.	$\square - 9 = 3 - 10$	
14.	$2 = \square - 5$		29.	$5 - 10 = \square - 9$	
15.	$3 = \square - 5$		30.	$6 - 10 = \square - 9$	

الدرس 24: ضع استراتيجية لحل الطرح من مسائل التغيير غير المعروف.

2•1 الدرس 24 تمارين السرعة
قصة الوحدات

ب

الرقم الصحيح:

الاسم ____________________ التاريخ ____________________

*اكتب الرقم المفقود.

.1	$2 = \square - 2$		.16	$3 = \square - 6$	
.2	$1 = \square - 2$		.17	$4 = \square - 6$	
.3	$0 = \square - 2$		.18	$5 = \square - 6$	
.4	$3 = \square - 3$		.19	$4 = \square - 7$	
.5	$2 = \square - 3$		.20	$3 = \square - 7$	
.6	$1 = \square - 3$		.21	$2 = \square - 7$	
.7	$0 = \square - 3$		.22	$3 = \square - 8$	
.8	$4 = \square - 4$		.23	$4 = \square - 8$	
.9	$3 = \square - 4$		.24	$\square - 8 = 5$	
.10	$2 = \square - 4$		.25	$\square - 9 = 3$	
.11	$1 = \square - 4$		.26	$\square - 9 = 4$	
.12	$5 = \square - 5$		.27	$\square - 9 = 5$	
.13	$4 = \square - 5$		.28	$\square - 9 = 4 - 10$	
.14	$3 = \square - 5$		.29	$6 - 10 = \square - 9$	
.15	$2 = \square - 5$		.30	$5 - 10 = \square - 9$	

أ

الرقم الصحيح:

الاسم ______________________ التاريخ ______________

*اكتب الرقم المفقود.

1.	$1 + 4 = \square$		16.	$\square + 4 = 3 + 7$	
2.	$2 + 4 = \square$		17.	$\square + 5 = 4 + 6$	
3.	$3 + 4 = \square$		18.	$\square + 6 = 5 + 5$	
4.	$1 + 5 = \square$		19.	$1 + \square = 3 + 5$	
5.	$2 + 5 = \square$		20.	$5 + \square = 4 + 5$	
6.	$3 + 5 = \square$		21.	$5 + \square = 5 + 4$	
7.	$1 + 6 = \square$		22.	$2 + 6 = \square + 2$	
8.	$\square + 7 = 8$		23.	$3 + 5 = \square + 4$	
9.	$\square + 8 = 9$		24.	$2 + 5 = 4 + \square$	
10.	$1 + \square = 9$		25.	$3 + 4 = 6 + \square$	
11.	$9 + \square = 9$		26.	$\square + 1 = 2 + 4$	
12.	$1 + \square = 8$		27.	$2 + \square = 4 + 3$	
13.	$1 + 7 = \square$		28.	$\square + 2 = 4 + 4$	
14.	$\square + 8 = 10$		29.	$7 + 2 = \square + 3$	
15.	$8 + \square = 10$		30.	$6 + 2 = 2 + \square$	

ب

الرقم الصحيح:

الاسم ______________________________ التاريخ ______________

*اكتب الرقم المفقود.

.1	$1 + 3 = \square$		.16	$\square + 4 = 5 + 5$	
.2	$2 + 3 = \square$		.17	$\square + 7 = 4 + 6$	
.3	$3 + 3 = \square$		.18	$\square + 8 = 7 + 3$	
.4	$1 + 4 = \square$		.19	$1 + \square = 2 + 5$	
.5	$2 + 4 = \square$		.20	$5 + \square = 3 + 5$	
.6	$3 + 4 = \square$		.21	$4 + \square = 4 + 4$	
.7	$1 + 5 = \square$		.22	$3 + 6 = \square + 3$	
.8	$\square + 1 = 8$		.23	$4 + 5 = \square + 4$	
.9	$\square + 1 = 9$		.24	$5 + 2 = 4 + \square$	
.10	$7 + \square = 8$		.25	$4 + 3 = 6 + \square$	
.11	$8 + \square = 8$		.26	$\square + 1 = 3 + 4$	
.12	$1 + \square = 7$		.27	$2 + \square = 4 + 4$	
.13	$1 + 6 = \square$		.28	$\square + 2 = 5 + 4$	
.14	$\square + 9 = 10$		.29	$6 + 2 = \square + 3$	
.15	$9 + \square = 10$		.30	$7 + 2 = 2 + \square$	

أ

الرقم الصحيح:

الاسم ______________________________ التاريخ ______________

*اكتب الرقم المفقود.

.1	□ = 3 + 10		.16	11 = □ + 10	
.2	□ = 2 + 10		.17	12 = □ + 10	
.3	□ = 1 + 10		.18	15 = □ + 5	
.4	□ = 10 + 1		.19	14 = □ + 4	
.5	□ = 10 + 4		.20	17 = 10 + □	
.6	□ = 10 + 6		.21	7 = □ - 17	
.7	□ = 7 + 10		.22	6 = □ - 16	
.8	□ = 10 + 8		.23	8 = □ - 18	
.9	□ = 10 - 12		.24	8 = 10 - □	
.10	□ = 10 - 11		.25	9 = 10 - □	
.11	□ = 10 - 10		.26	□ = 10 + 1 + 1	
.12	□ = 10 - 13		.27	□ = 10 + 2 + 2	
.13	□ = 10 - 14		.28	□ = 10 + 3 + 2	
.14	□ = 10 - 15		.29	17 = 3 + □ + 4	
.15	□ = 10 - 18		.30	18 = 10 + 5 + □	

2•1 الدرس 27 تمارين السرعة

ب

الرقم الصحيح:

الاسم ________________________ التاريخ ______________

*اكتب الرقم المفقود.

	$10 = \square + 10$	.16		$\square = 1 + 10$	.1
	$11 = \square + 10$	.17		$\square = 2 + 10$	.2
	$12 = \square + 2$	.18		$\square = 3 + 10$	.3
	$13 = \square + 3$	.19		$\square = 10 + 4$	.4
	$13 = 10 + \square$	.20		$\square = 10 + 5$	.5
	$3 = \square - 13$	.21		$\square = 10 + 6$	.6
	$4 = \square - 14$	.22		$\square = 8 + 10$	.7
	$6 = \square - 16$	.23		$\square = 10 + 8$	.8
	$6 = 10 - \square$	.24		$\square = 10 - 10$	.9
	$8 = 10 - \square$	.25		$\square = 10 - 11$	.10
	$\square = 10 + 1 + 2$	.26		$\square = 10 - 12$	.11
	$\square = 10 + 2 + 3$	.27		$\square = 10 - 13$	.12
	$\square = 10 + 3 + 2$	.28		$\square = 10 - 15$	.13
	$18 = 4 + \square + 4$	.29		$\square = 10 - 17$	.14
	$19 = 10 + 6 + \square$	.30		$\square = 10 - 19$	.15

2•1 الدرس 28 تمارين السرعة قصة الوحدات

أ

الرقم الصحيح:

الاسم ______________________ التاريخ ______________

*اكتب الرقم المفقود.

.1	□ = 2 + 10		.16	□ = 3 + 12	
.2	□ = 1 + 2		.17	□ = 3 + 13	
.3	□ = 3 + 10		.18	□ = 3 + 14	
.4	□ = 10 + 4		.19	□ = 5 + 13	
.5	□ = 2 + 4		.20	□ = 5 + 14	
.6	□ = 10 + 6		.21	□ = 5 + 15	
.7	□ = 3 + 10		.22	□ = 14 + 4	
.8	□ = 3 + 3		.23	□ = 15 + 4	
.9	□ = 6 + 10		.24	14 = □ + 12	
.10	□ = 1 + 2		.25	15 = □ + 12	
.11	□ = 1 + 12		.26	16 = □ + 12	
.12	□ = 2 + 2		.27	16 = 4 + □	
.13	□ = 2 + 12		.28	16 = □ + 5	
.14	□ = 3 + 3		.29	26 = □ + 5	
.15	□ = 3 + 13		.30	36 = □ + 4	

الدرس 28 تمارين السرعة 2•1

ب

الرقم الصحيح:

الاسم ______________________ التاريخ ______________

*اكتب الرقم المفقود.

.1	$\square = 1 + 10$		.16	$\square = 2 + 12$	
.2	$\square = 1 + 1$		.17	$\square = 2 + 13$	
.3	$\square = 2 + 10$		.18	$\square = 2 + 14$	
.4	$\square = 10 + 3$		.19	$\square = 4 + 13$	
.5	$\square = 2 + 3$		.20	$\square = 4 + 14$	
.6	$\square = 10 + 5$		.21	$\square = 4 + 15$	
.7	$\square = 2 + 10$		.22	$\square = 14 + 5$	
.8	$\square = 2 + 2$		.23	$\square = 15 + 5$	
.9	$\square = 4 + 10$		.24	$12 = \square + 11$	
.10	$\square = 1 + 2$		.25	$13 = \square + 11$	
.11	$\square = 1 + 12$		.26	$14 = \square + 11$	
.12	$\square = 1 + 1$		.27	$14 = 3 + \square$	
.13	$\square = 1 + 11$		.28	$19 = \square + 6$	
.14	$\square = 2 + 3$		.29	$29 = \square + 6$	
.15	$\square = 2 + 13$		.30	$39 = \square + 5$	

الصف 1
الوحدة 3

أ

الرقم الصحيح:

الاسم ____________________ التاريخ ______________

*اكتب الرقم الناقص.

1.	□ = 3 - 3		16.	□ = 1 - 13	
2.	□ = 3 - 13		17.	□ = 2 - 13	
3.	□ = 2 - 3		18.	□ = 3 - 14	
4.	□ = 2 - 13		19.	□ = 4 - 14	
5.	□ = 2 - 4		20.	□ = 10 - 14	
6.	□ = 2 - 14		21.	□ = 5 - 17	
7.	□ = 3 - 4		22.	□ = 6 - 17	
8.	□ = 3 - 14		23.	□ = 10 - 17	
9.	□ = 10 - 14		24.	5 = □ - 8	
10.	□ = 6 - 7		25.	15 = □ - 18	
11.	□ = 6 - 17		26.	13 = □ - 18	
12.	□ = 10 - 17		27.	12 = □ - 19	
13.	□ = 3 - 6		28.	17 = 2 - □	
14.	□ = 3 - 16		29.	□ - 16 = 3 - 17	
15.	□ = 10 - 16		30.	5 - □ = 6 - 19	

ب

الرقم الصحيح:

الاسم ______________________ التاريخ ____________

*اكتب الرقم الناقص.

1.	□ = 2 - 2		16.	□ = 1 - 14	
2.	□ = 2 - 12		17.	□ = 2 - 14	
3.	□ = 1 - 2		18.	□ = 3 - 15	
4.	□ = 1 - 12		19.	□ = 4 - 15	
5.	□ = 3 - 3		20.	□ = 10 - 15	
6.	□ = 3 - 13		21.	□ = 5 - 18	
7.	□ = 2 - 3		22.	□ = 6 - 18	
8.	□ = 2 - 13		23.	□ = 10 - 18	
9.	□ = 10 - 13		24.	5 = □ - 7	
10.	□ = 5 - 6		25.	15 = □ - 17	
11.	□ = 5 - 16		26.	13 = □ - 17	
12.	□ = 10 - 16		27.	13 = □ - 19	
13.	□ = 2 - 4		28.	16 = 3 - □	
14.	□ = 2 - 14		29.	□ - 16 = 4 - 17	
15.	□ = 10 - 14		30.	6 - □ = 7 - 19	

أ

الدرس 3 تمرين السرعة 1●3

قصة الوحدات

الرقم الصحيح: _____

الاسم _____ التاريخ _____

*اكتب الرقم الناقص. انتبه إلى العلامتين + و -.

	□ = 6 + 13	16.		□ = 2 + 5	1.
	□ = 16 + 3	17.		□ = 2 + 15	2.
	□ = 2 - 19	18.		□ = 5 + 2	3.
	□ = 7 - 19	19.		□ = 5 + 12	4.
	□ = 15 + 4	20.		□ = 2 - 7	5.
	□ = 5 + 14	21.		□ = 2 - 17	6.
	□ = 6 - 18	22.		□ = 5 - 7	7.
	□ = 2 - 18	23.		□ = 5 - 17	8.
	19 = □ + 13	24.		□ = 3 + 4	9.
	13 = 6 - □	25.		□ = 3 + 14	10.
	19 = □ + 14	26.		□ = 4 + 3	11.
	15 = 4 - □	27.		□ = 4 + 13	12.
	14 = 5 - □	28.		□ = 4 - 7	13.
	□ - 19 = 4 + 13	29.		□ = 4 - 17	14.
	3 + □ = 6 - 18	30.		□ = 3 - 17	15.

الدرس 3: اطلب ثلاثة أطوال باستخدام المقارنة غير المباشرة.

131

ب

الرقم الصحيح:

الاسم ______________________ التاريخ ____________

*اكتب الرقم الناقص. انتبه إلى العلامتين + و -.

.1	□ = 1 + 5		.16	□ = 7 + 12	
.2	□ = 1 + 15		.17	□ = 17 + 2	
.3	□ = 5 + 1		.18	□ = 2 - 18	
.4	□ = 5 + 11		.19	□ = 6 - 18	
.5	□ = 1 - 6		.20	□ = 16 + 3	
.6	□ = 1 - 16		.21	□ = 6 + 13	
.7	□ = 5 - 6		.22	□ = 4 - 17	
.8	□ = 5 - 16		.23	□ = 3 - 17	
.9	□ = 5 + 4		.24	18 = □ + 12	
.10	□ = 5 + 14		.25	12 = 6 - □	
.11	□ = 4 + 5		.26	19 = □ + 13	
.12	□ = 4 + 15		.27	16 = 3 - □	
.13	□ = 4 - 9		.28	17 = 3 - □	
.14	□ = 4 - 19		.29	□ - 19 = 6 + 11	
.15	□ = 5 - 19		.30	3 + □ = 5 - 19	

أ

الرقم الصحيح:

الاسم ______________________ التاريخ ______________

*اكتب الرقم الناقص.

.1	□ = 1 - 17		.16	□ = 9 - 19	
.2	□ = 1 - 15		.17	□ = 9 - 18	
.3	□ = 1 - 19		.18	□ = 9 - 11	
.4	□ = 2 - 15		.19	□ = 5 - 16	
.5	□ = 2 - 17		.20	□ = 2 - 15	
.6	□ = 2 - 18		.21	□ = 5 - 14	
.7	□ = 3 - 18		.22	□ = 5 - 12	
.8	□ = 5 - 18		.23	□ = 6 - 12	
.9	□ = 5 - 17		.24	11 = □ - 14	
.10	□ = 5 - 19		.25	10 = □ - 14	
.11	□ = 7 - 17		.26	9 = □ - 14	
.12	□ = 7 - 18		.27	9 = □ - 15	
.13	□ = 7 - 19		.28	9 = 7 - □	
.14	□ = 2 - 19		.29	□ - 16 = 5 - 19	
.15	□ = 7 - 19		.30	9 - □ = 8 - 15	

EUREKA MATH

ب

الرقم الصحيح:

الاسم ______________________ التاريخ ______________

*اكتب الرقم الناقص.

.1	□ = 1 - 16		.16	□ = 9 - 19	
.2	□ = 1 - 14		.17	□ = 9 - 18	
.3	□ = 1 - 18		.18	□ = 9 - 12	
.4	□ = 2 - 19		.19	□ = 8 - 19	
.5	□ = 2 - 17		.20	□ = 8 - 18	
.6	□ = 2 - 15		.21	□ = 8 - 17	
.7	□ = 3 - 15		.22	□ = 5 - 14	
.8	□ = 5 - 17		.23	□ = 5 - 13	
.9	□ = 5 - 19		.24	7 = □ - 12	
.10	□ = 5 - 16		.25	10 = □ - 16	
.11	□ = 6 - 16		.26	9 = □ - 16	
.12	□ = 6 - 19		.27	9 = □ - 17	
.13	□ = 6 - 17		.28	9 = 7 - □	
.14	□ = 1 - 17		.29	□ - 17 = 4 - 19	
.15	□ = 6 - 17		.30	9 - □ = 8 - 16	

أ

الرقم الصحيح:

الاسم ______________________ التاريخ ______________

*اكتب الرقم الناقص.

1.	□ = 1 + 17		16.	□ = 9 + 11	
2.	□ = 1 + 15		17.	□ = 9 + 10	
3.	□ = 1 + 18		18.	□ = 9 + 9	
4.	□ = 2 + 15		19.	□ = 9 + 7	
5.	□ = 2 + 17		20.	□ = 8 + 8	
6.	□ = 2 + 18		21.	□ = 8 + 7	
7.	□ = 3 + 15		22.	□ = 5 + 8	
8.	□ = 13 + 5		23.	□ = 8 + 11	
9.	□ = 2 + 15		24.	17 = □ + 12	
10.	□ = 12 + 5		25.	17 = □ + 14	
11.	□ = 4 + 12		26.	17 = □ + 8	
12.	□ = 4 + 13		27.	16 = 7 + □	
13.	□ = 14 + 3		28.	15 = 7 + □	
14.	□ = 2 + 17		29.	□ + 10 = 5 + 9	
15.	□ = 7 + 12		30.	9 + □ = 8 + 7	

ب

الرقم الصحيح:

الاسم ______________________ التاريخ ____________

*اكتب الرقم الناقص.

.1	□ = 1 + 14		.16	□ = 9 + 11	
.2	□ = 1 + 16		.17	□ = 9 + 10	
.3	□ = 1 + 17		.18	□ = 9 + 8	
.4	□ = 2 + 11		.19	□ = 9 + 9	
.5	□ = 2 + 15		.20	□ = 8 + 9	
.6	□ = 2 + 17		.21	□ = 8 + 8	
.7	□ = 4 + 15		.22	□ = 5 + 8	
.8	□ = 15 + 4		.23	□ = 7 + 11	
.9	□ = 3 + 15		.24	18 = □ + 12	
.10	□ = 13 + 5		.25	18 = □ + 14	
.11	□ = 4 + 13		.26	18 = □ + 8	
.12	□ = 4 + 14		27.	14 = 5 + □	
.13	□ = 14 + 4		.28	15 = 6 + □	
.14	□ = 3 + 16		.29	□ + 10 = 6 + 9	
.15	□ = 6 + 13		.30	9 + □ = 7 + 6	

أ

الرقم الصحيح:

الاسم ________________________ التاريخ ____________

*اكتب الرقم الناقص.

.1	□ = 1 + 17		.16	□ = 9 + 11	
.2	□ = 1 + 15		.17	□ = 9 + 10	
.3	□ = 1 + 18		.18	□ = 9 + 9	
.4	□ = 2 + 15		.19	□ = 9 + 7	
.5	□ = 2 + 17		.20	□ = 8 + 8	
.6	□ = 2 + 18		.21	□ = 8 + 7	
.7	□ = 3 + 15		.22	□ = 5 + 8	
.8	□ = 13 + 5		.23	□ = 8 + 11	
.9	□ = 2 + 15		.24	17 = □ + 12	
.10	□ = 12 + 5		.25	17 = □ + 14	
.11	□ = 4 + 12		.26	17 = □ + 8	
.12	□ = 4 + 13		.27	16 = 7 + □	
.13	□ = 14 + 3		.28	15 = 7 + □	
.14	□ = 2 + 17		.29	□ + 10 = 5 + 9	
.15	□ = 7 + 12		.30	9 + □ = 8 + 7	

3•1 الدرس 9 تمرين السرعة

ب

الرقم الصحيح:

الاسم ________________________ التاريخ ____________

*اكتب الرقم الناقص.

1.	$\square = 1 + 14$		16.	$\square = 9 + 11$	
2.	$\square = 1 + 16$		17.	$\square = 9 + 10$	
3.	$\square = 1 + 17$		18.	$\square = 9 + 8$	
4.	$\square = 2 + 11$		19.	$\square = 9 + 9$	
5.	$\square = 2 + 15$		20.	$\square = 8 + 9$	
6.	$\square = 2 + 17$		21.	$\square = 8 + 8$	
7.	$\square = 4 + 15$		22.	$\square = 5 + 8$	
8.	$\square = 15 + 4$		23.	$\square = 7 + 11$	
9.	$\square = 3 + 15$		24.	$18 = \square + 12$	
10.	$\square = 13 + 5$		25.	$18 = \square + 14$	
11.	$\square = 4 + 13$		26.	$18 = \square + 8$	
12.	$\square = 4 + 14$		27.	$14 = 5 + \square$	
13.	$\square = 14 + 4$		28.	$15 = 6 + \square$	
14.	$\square = 3 + 16$		29.	$\square + 10 = 6 + 9$	
15.	$\square = 6 + 13$		30.	$9 + \square = 7 + 6$	

الدرس 11 تمرين السرعة 3•1
قصة الوحدات

أ

الرقم الصحيح:

الاسم ______________________ التاريخ ______________

*اكتب الرقم الناقص.

.1	□ = 1 - 17		.16	□ = 9 - 19	
.2	□ = 1 - 15		.17	□ = 9 - 18	
.3	□ = 1 - 19		.18	□ = 9 - 11	
.4	□ = 2 - 15		.19	□ = 5 - 16	
.5	□ = 2 - 17		.20	□ = 2 - 15	
.6	□ = 2 - 18		.21	□ = 5 - 14	
.7	□ = 3 - 18		.22	□ = 5 - 12	
.8	□ = 5 - 18		.23	□ = 6 - 12	
.9	□ = 5 - 17		.24	11 = □ - 14	
.10	□ = 5 - 19		.25	10 = □ - 14	
.11	□ = 7 - 17		.26	9 = □ - 14	
.12	□ = 7 - 18		.27	9 = □ - 15	
.13	□ = 7 - 19		.28	9 = 7 - □	
.14	□ = 2 - 19		.29	□ - 16 = 5 - 19	
.15	□ = 7 - 19		.30	9 - □ = 8 - 15	

ب

الرقم الصحيح:

الاسم ______________________ التاريخ ______________

*اكتب الرقم الناقص.

.1	□ = 1 - 16		.16	□ = 9 - 19	
.2	□ = 1 - 14		.17	□ = 9 - 18	
.3	□ = 1 - 18		.18	□ = 9 - 12	
.4	□ = 2 - 19		.19	□ = 8 - 19	
.5	□ = 2 - 17		.20	□ = 8 - 18	
.6	□ = 2 - 15		.21	□ = 8 - 17	
.7	□ = 3 - 15		.22	□ = 5 - 14	
.8	□ = 5 - 17		.23	□ = 5 - 13	
.9	□ = 5 - 19		.24	7 = □ - 12	
.10	□ = 5 - 16		.25	10 = □ - 16	
.11	□ = 6 - 16		.26	9 = □ - 16	
.12	□ = 6 - 19		.27	9 = □ - 17	
.13	□ = 6 - 17		.28	9 = 7 - □	
.14	□ = 1 - 17		.29	□ - 17 = 4 - 19	
.15	□ = 6 - 17		.30	9 - □ = 8 - 16	

أ

الرقم الصحيح:

الاسم ____________________ التاريخ ____________

*اكتب الرقم الناقص.

.1	□ = 3 + 1 + 9		.16	□ = 8 + 3 + 6	
.2	□ = 1 + 2 + 9		.17	□ = 4 + 9 + 5	
.3	□ = 3 + 5 + 5		.18	□ = 4 + 12 + 3	
.4	□ = 5 + 2 + 5		.19	□ = 5 + 11 + 3	
.5	□ = 5 + 5 + 4		.20	□ = 7 + 6 + 5	
.6	□ = 4 + 2 + 8		.21	□ = 3 + 6 + 2	
.7	□ = 2 + 3 + 8		.22	□ = 13 + 2 + 3	
.8	□ = 2 + 2 + 12		.23	□ = 3 + 13 + 3	
.9	□ = 12 + 3 + 3		.24	14 = □ + 1 + 9	
.10	□ = 5 + 4 + 4		.25	16 = □ + 4 + 8	
.11	□ = 2 + 15 + 2		.26	19 = 6 + 8 + □	
.12	□ = 3 + 3 + 7		.27	18 = 7 + □ + 2	
.13	□ = 1 + 17 + 1		.28	18 = □ + 2 + 2	
.14	□ = 2 + 2 + 14		.29	19 = 9 + □ + 6	
.15	□ = 4 + 12 + 4		.30	18 = 6 + □ + 7	

3•1 الدرس 13 تمرين السرعة
قصة الوحدات

ب

الرقم الصحيح:

الاسم ________________________ التاريخ ______________

*اكتب الرقم الناقص.

1.	$\square = 2 + 1 + 9$		16.	$\square = 9 + 3 + 6$	
2.	$\square = 1 + 4 + 9$		17.	$\square = 2 + 9 + 4$	
3.	$\square = 1 + 5 + 5$		18.	$\square = 4 + 12 + 2$	
4.	$\square = 5 + 3 + 5$		19.	$\square = 5 + 11 + 2$	
5.	$\square = 5 + 5 + 4$		20.	$\square = 7 + 6 + 6$	
6.	$\square = 2 + 2 + 8$		21.	$\square = 5 + 6 + 2$	
7.	$\square = 2 + 3 + 8$		22.	$\square = 13 + 3 + 3$	
8.	$\square = 1 + 1 + 11$		23.	$\square = 3 + 14 + 3$	
9.	$\square = 14 + 2 + 2$		24.	$13 = \square + 1 + 9$	
10.	$\square = 4 + 4 + 4$		25.	$15 = \square + 4 + 8$	
11.	$\square = 2 + 13 + 2$		26.	$18 = 6 + 8 + \square$	
12.	$\square = 3 + 3 + 6$		27.	$18 = 6 + \square + 2$	
13.	$\square = 1 + 15 + 1$		28.	$18 = \square + 5 + 2$	
14.	$\square = 2 + 2 + 15$		29.	$19 = 9 + \square + 5$	
15.	$\square = 3 + 14 + 3$		30.	$19 = 6 + \square + 7$	

الدرس 13: اسأل وأجب على أنواع مختلفة من المسائل الكلامية حول مجموعة بيانات المكونة من ثلاث فئات.

وحدات دراسية

بذلت شركة Great Minds® قصارى جهدها للحصول على إذن لإعادة طباعة جميع المواد المحمية بحقوق الطبع والنشر. إذا لم يتم التعرف على أي مالك للمواد المحمية بحقوق الطبع والنشر هنا ، يرجى الاتصال بـ Great Minds للحصول على الإقرار المناسب في جميع الإصدارات المستقبلية وإعادة طبع هذه الوحدة.